The Science of
SUSHI

壽司的科學

從挑選食材到料理調味，
以科學理論和數據拆解壽司風味的奧祕

技術指導 高橋 潤「鮨たかはし」 監修 佐藤秀美
著 土田美登世 譯 周雨栭

目次　Contents

本書的讀法

◎業界用語一般稱「壽司料」為「NETA❶」（食材）、「壽司飯」為「舍利」（醋飯），但本書中除了壽司技術指導者「壽司高橋」的高橋潤先生的口述部分以外一律統稱為「壽司料」及「壽司飯」。

◎由於對「薑片」一詞的認知度較「甘醋漬生薑」為高，因此本書中仍稱「薑片」。

◎日文發音的英文表記全部採用大寫字母。

◎菜刀用法之解說是以右撇子為例。

◎本書內容雖以「鮨 たかはし」（壽司高橋，後續內文提到店名時以中文標示）高橋潤先生的作法來進行解說，然壽司相關技術存在著各家不同做法及解釋。

---

❶ 日本壽司業界用語採用許多隱語，上述之ネタ，日文唸做NETA，由「TANE」（種）倒著唸而來，指壽司中醋飯、海苔之外的食材。シャリ，日文唸做SHARI，由「SHARI」（舍利）而來，即醋飯。

［第1章］

壽司的知識

Knowledge

The Science of
SUSHI

壽司的歷史 History of SUSHI

壽司的濫觴為發酵保存食品

壽司已成為全球知名的食物，只要講「壽司」（SUSHI），在世界共通的認知中大概都是指「握壽司」。也因此，認為壽司的起源是「將生魚片放在飯上」的人不在少數。

一般人會將壽司定義為「使用生魚」、「將料放在飯上」的料理，這也不能怪他們，但仔細想想，壽司中也存在如豆皮壽司這類僅使用植物性食材的壽司。除此之外，像滋賀縣的「鯽魚❷壽司」、北陸地方的「蕪菁壽司❸」這種不需要握而是將食材和米類混合後發酵的料理亦是「壽司」，如此看來，被稱為「壽司」的料理全部符合「有使用醋」或者「具有發酵而產生的酸味」的特徵，可推導出能被稱為「壽司」的關鍵在於「酸」這項特質。壽司來自「酸的」（酸しSUSHI）的語源說，亦是佐證之一。

追溯「SUSHI」過往的漢字表記，寫法相當繁多，包括「寿し」、「鮨」、「寿司」、「鮓」、「寿之」、「寿志」、「寿斗」等。其中最常用的當屬「鮨」和「鮓」以及「壽司」了。關東地方用「鮨」，而「鮓」基本上在關西比較常用。「壽司」據說是江戶時代由「すし」（SUSHI）而來的假借字。使用「鮨」字的歷史相當古老，成書於西元前5至3世紀左右的中國辭典《爾雅》中記載鮨是「用魚做成的食物稱鮨，用肉做成的食物稱醢❹」，指的是魚切碎後撒鹽做成的鹽辛。會和鹽辛混淆，可見「鮨」的質地應也是相當黏糊。

至於「鮓」一字，西元2世紀左右一樣是中國的字典《說文解字》中，有著「將魚用鹽和米醃漬再壓上重石製成的食品」的記載，被定義為經長時間發酵的珍貴長期保存食品。

如上所述，「鮨」和「鮓」原本是兩種不同的食物，但在西元3世紀左右《廣雅》這本辭典中被混為一談，接著隨著時代演變，在中國和日本皆被混在一起使用。

最終「鮨」和「鮓」兩者的定義皆演變成「將魚用鹽和米醃漬再壓上重石製成的食品」，即是所謂的「熟壽司」。米這種澱粉經自然發酵會產生乳酸，利用酸味去抑制促使食品腐壞細菌的繁殖，可長期保存的食品於焉誕生。

日本的壽司據說是隨著中國大陸傳來的稻米一同發展而來，先是以「熟壽司」的形式流傳，當時是進獻給朝廷等的貢品。西元8世紀前葉飛鳥時

---

❷ 淡水魚。日文フナ可指幾種常見的鯽魚。正統鯽魚壽司壽司用的是琵琶湖的原生種似五郎鯽（學名 *Carassius auratus grandoculis*），近年來因數量銳減，有時也會使用另一琵琶湖的原生種源五郎鯽（學名 *Carassius cuvieri*）製作。一般台灣的鯽魚學名 *Carassius auratus*，台灣稱鯽仔、土鯽、本島鯽、本島仔、細頭。

❸ 將醃過的蕪菁夾入鹽漬寒鰤、紅蘿蔔等食材再加入米麴發酵而成的壽司。

直到進入二十世紀以後，「壽司就是指握壽司」這個概念才廣為全國所知。

雖然江戶時代後期就有握壽司，但僅限於江戶地區。

當時全國各地存在著各種不用握就可以品嘗的鄉土壽司以及「近似」壽司的料理。

無論是握壽司或者不用握的壽司，一步步抽絲剝繭日本的壽司史後，最終都可追溯到和米飯一起發酵的「熟壽司」。

前方的木簡上寫著「若狹國遠敷郡木津鄉御贄⓹貽貝鮓一塙」，可看到「鮓」字（紅圈圈起處）。記載著木津上繳了一塙貽貝壽司。所謂的塙，應是像壺的一種容器。（圖片提供：福井高濱町町辦公處）

代所編纂的《養老令》中亦可看到「鮑之鮓」、「雜魚之鮨」的記載。從奈良平城宮的遺址亦出土了寫有「多比（鯛）之鮓」的木簡。該木簡是在遞送貨物時附上的牌子，也就是貨品的標籤。「多比之鮓」當然也是「熟壽司」。

日本代表性的熟壽司、鯽魚壽司

熟壽司出現後傳到了日本各地。雖然傳到各地的時間不一，但說到現代尚存使用海鮮做成的日本熟壽司代表，當推滋賀縣琵琶湖周邊的「鯽魚壽司」、岐阜縣的「香魚壽司」以及福井縣的「米糠鯖漬」。「鯽魚壽司」即是記載在奈良平城京出土的木簡上的「鮒鮓」，因此可推測在更早的時代便有人製作了。現代的鯽魚壽司作法雖和當時有所不同，但一樣是將海鮮和米或飯混合後發酵的「熟壽司」，這點並無改變。

滋賀縣傳統的「鯽魚壽司」是從二至五月開始製作。大多使用琵琶湖所捕獲正值產卵期的鯽魚去鹽漬，到了快到土用⓺時去除鹽分，再和飯一起正式醃漬。正式醃漬時，會在木桶底部鋪上飯，上面排好塞滿飯的鯽魚，之上再鋪上一層飯，如此交替堆疊後蓋上內蓋再壓上重石使之熟成。

乳酸不僅可抑制細菌滋生，亦可使魚發酵產生鮮味成分，醞釀出獨特的滋味。做好後基本上只吃魚的部分，飯會被丟棄。

⓸《爾雅·釋器第六》肉謂之羹，魚謂之鮨。

⓹ 租稅。

⓺ 此處應指夏季土用，約在陽曆七月下旬。

「鯽魚壽司」的發酵時間要三至六個月，長則要兩年。發酵時間很長，因為要等到飯粒變得黏糊為止才能吃，因此從室町時代到了安土桃山時代，縮短發酵時間讓魚和飯可一起食用的「生熟壽司」應運而生。岐阜縣的「香魚壽司07」即屬於此類。除此之外，也誕生了為了加速飯的發酵速度而另外加入米麴，料除了魚外還混入了蔬菜，同樣將料和飯一起食用的「飯壽司」。前述的「蕪菁壽司」即是「飯壽司」的一種。

接下來終於輪到醋登場了。醋是日本自古以來即存在的調味料，人們發現只要將醋撒在飯上，就算不用等待乳酸發酵，亦可吃到帶酸味的飯。在這之前壽司僅限於花費長時間自然發酵而成的「熟壽司」和「飯壽司」，但隨著料搭配米飯一起吃的吃法普及，加上醋的登場，製作醋飯──亦即壽司飯的方式開始迅速發展，為壽司帶來了巨大的變化。

箱壽司08與握壽司的誕生

到了江戶時代，壽司早已不再是長期保存食品。此時登場的是「早壽司」（一夜壽司）。首先出現由關西「箱壽司」發展出的「姿壽司09」和「木片壽司10」，其他還出現了如卷壽司、豆皮壽司及散壽司等壽司。

木片壽司是在盒子裡鋪入壽司飯再放上魚片壓成的壽司。壓過後再經過分切處理，做成方便入口的大小。分切後，又產生了用山白竹11把一片一片的壽司包起後稍微壓上重石而成的「毛拔壽司」，據說此即現今「竹葉卷壽司」的原型。在一份壽司飯上放上魚再用細竹葉包起而成的這種竹葉卷壽司正是江戶前握壽司的前身。

關於「握壽司」的登場時期眾說紛紜，其中又以文政年間（1818～1831年）中期，位於兩國的「與兵衛壽司」的華屋與兵衛為元祖江戶前握壽司之說最廣為人知。此時為江戶後期，已經有

18世紀《繪本江戶土產》的插畫，「兩國橋納涼」之一部分。可看到畫中有壽司攤販（紅圈處）。（摘自國立國會圖書館網站）。

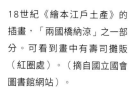
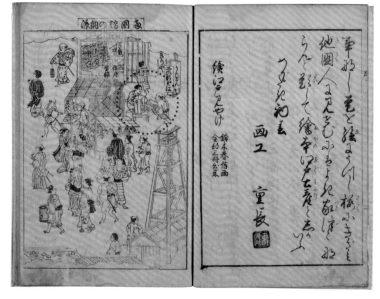

明治時期，華屋與兵衛委託日本畫畫家川端玉章所繪製的畫。中央長得像鮪魚一樣紅的壽司其實是鱒魚。（「吉野鮨」所藏/轉載自旭屋出版《壽司技術教科書　江戶前壽司篇》）

外國船舶前來叩關要求開國。商業有了長足的發展，以江戶為中心，熱鬧繁華的町人文化相當興盛，劇場及浮世繪、文學等享樂文化如百花齊放。成為大都市的江戶吸引了許多人前來謀職，飲食店如雨後春筍般成長。而握壽司攤販亦赫然在列。短時間內就可做好的握壽司是江戶人的速食，博得了大眾的青睞。當時的握壽司不像今日的握壽司只有一口大小，而是像飯糰一樣大。其中小鰭很受歡迎，江戶街頭隨處可見擔著裝滿小鰭的圓桶做生意的「小鰭販」。

隨著握壽司開始在江戶蔚為流行，箱壽司逐漸消失於江戶地區，最後到了明治、大正時期，已演變出「關西箱壽司」「關東握壽司」的說法。

由攤販演變成店面

延續江戶末期的榮景，壽司攤販到了明治年間人氣依然不衰。終於有人開始設立店面，這種店面被稱為「內店」。當時內店的特徵是客人站著，而握壽司的職人則是跪坐著握壽司。這是因為明治時代末期到大正時期的內店主要還是讓客人外帶或買來當土產之故。

---

⑦ 是將香魚去除內臟後用鹽醃過再塞入米飯或米麴等發酵而成的壽司。

⑧ 箱壽司為壓壽司（押し寿司）的原型，在今日可被歸為壓壽司的一種。箱其實應譯為盒，然而箱壽司為一特殊壽司類別，為避免和盒裝壽司混淆故保留漢字直譯之。

⑨ 保留整尾魚的形狀去醃漬而成的壓壽司。

⑩ 日文稱こけらずし，こけら的漢字寫做「柿」，又做「木屑」，原指木材削下的木片或木屑，常見用法指稱日本傳統屋頂上葺的一種薄木板。關於柿壽司的語源，最有力的說法就是因為壽司上鋪的魚料如同屋頂上鋪的薄木板而得名。但柿這個字不同於水果柿子的漢字，因此採意譯做木片壽司。另有一非常罕見的表記「鱗鮨」（因為東京方言中鱗也可念做こけら）。

⑪ 學名*Sasa veitchii*。

　無論內店或攤販，由於當時是沒有冰箱或保冷劑的時代，海鮮必須處理過使其不會腐壞。內店的壽司要讓客人外帶，攤販亦必須維持壽司料在營業時間內不會壞掉，因此海鮮會用鹽、醋或醬油先醃過或煮過去加工。而這些對自東京灣捕獲的新鮮魚貨進行加工的處理工序，就被稱為「江戶前的功夫」。

　隨著時間推進，冰塊變得容易取得，開始出現了使用生的海鮮放在壽司飯上所做成的握壽司。這種形式的壽司非常受歡迎，連內店也開始製作生的握壽司並設置座位讓客人內用。這便是現代「壽司店」的濫觴。

　直到昭和初期都還存在攤販和內店兩種形式的壽司店，但在二戰（1945年戰爭結束）後，因衛生問題，攤販終告消失。不過，現在有許多吧檯上方仍會掛上暖簾，這是沿襲壽司店原型之攤販所懸掛暖簾而來的遺風。

　二戰後，壽司所處的大環境有了劇烈的變化。隨著營業用冰箱的發明及普及，必須花時間調理的煮物類減少，「生魚」成了壽司料的基本配料。此外，隨著冷凍技術的進步及國內外貿易的發達，開始能夠從世界各地取得海鮮，因此壽司料的種類也增加了。以前壽司攤販最多不過提供數種壽司料，現在擁有超過二十種壽司料的壽司店已相當稀鬆平常。

　壽司飯的量亦有所變化。為了讓客人能吃到更多種類的生魚，壽司飯的量較原本飯糰的尺寸縮小，演變成一次可吃10到20個壽司的享用方式。為了品嚐生魚的滋味，壽司飯的味道亦變得較清淡。

　除了握壽司外，壽司店小菜的種類亦趨多樣化，像是配合種類多元的小菜一般，酒的種類亦趨豐富。不僅是「OKONOMI依照喜好點菜」，「OMAKASE無菜單」的點菜方式也開始普及，除了日本酒及啤酒外，近年來搭配紅酒一起享用的用餐方式亦有增加之勢。自2007年出版的法國美食書《米其林指南東京2008》首次羅列壽司店以來，壽司店受到了全世界前所未有的注目，此

後每年收錄的壽司店數字亦逐年增加。在《米其林指南東京2020》中,壽司店獲得三星的店有一家,二星有七家,一星有二十四家,必比登推薦則有四家。

世界各地的「迴轉壽司」與「壽司餐廳」亦持續增加。尤其是位於世界各大城市的「壽司餐廳」,在當地也變成了知名的自命不凡的店家。

自地球上產生「壽司」這個概念以來經過了漫長的時代,壽司集結了眾人各色各樣的智慧,蛻變成代表日本飲食文化的料理。而越洋的壽司隱藏著一邊融合當地文化,一邊紮根向下的無窮潛力,今後的發展可期。

江戶後期歌川廣重所繪 〈東都名所高輪二十六夜待遊興之圖〉。描繪了庶民為了觀賞自海上升起的月亮魚貫而出的江戶賞月盛況。可看見販售糯米糰、蕎麥麵及天婦羅等的攤販。圖右側亦可看到壽司攤販。
(現藏於東京都江戶東京博物館/圖由東京都歷史文化財團影像資料庫所提供)

壽司料 SUSHI Toppings

*名稱以中文、日文、日文名稱羅馬拼音、英文名稱之順序標示。（）內為日文名稱。

鯛魚（鯛）
TAI / Sea Bream

比目魚（鮃）
HIRAME / Left-Eye Flounder

幼鯛魚（春子）
KASUGO / Young Sea Bream

鰈魚（鰈）
KAREI / Right-Eye Flounder

鮪魚／中腹肉（中トロ）
CHUTORO / Mediam Marbled Tuna Belly

鮪魚／大腹肉（大トロ）
OTORO / Premium Marlbled Tuna Belly

切好的壽司料色彩隨著季節更迭，
靜靜躺在砧板上、玻璃櫃中、食材盒裡…
散發出優美的存在感。

鮪魚／赤身（赤身）
AKAMI / Lean Tuna

漬鮪魚（漬け）
ZUKE / Marinated Tuna

鰹魚（鰹）
KATSUO / Bonito

沙丁魚（鰯）
IWASHI / Sardine

白魽（縞鰺）
SHIMAAJI / White Trevally

竹筴魚（鰺）
AJI / Horse Mackerel

鰶魚（小肌）
KOHADA / Gizzard Shad

鯖魚（鯖）
SABA / Mackerel

水針（細魚）
SAYORI / Halfbeak

象拔蚌（本海松貝）
HONMIRUGAI / Gaper

赤貝（赤貝）
AKAGAI / Ark Shell

鮑魚（鮑）
AWABI / Abalone

貝柱（小柱）
KOBASHIRA / Adductor in Round Clam

日本鳥尾蛤（鳥貝）
TORIGAI / Cockle

文蛤（蛤）
HAMAGURI / Cherry Stone Clam

墨魚（墨烏賊）
SUMIIKA / Golden Cuttlefish

軟絲（障泥烏賊）
AORIIKA / Bigfin Reef Squid

章魚（蛸）
TAKO / Octopus

甜蝦（甘海老）
AMAEBI / Sweet Shrimp

牡丹蝦（牡丹海老）
BOTANEBI / Spot Prawn

蝦蛄（蝦蛄）
SHAKO / Mantis Shrimp

明蝦（車海老）
KURUMAEBI / Prawn

鮭魚卵（いくら）
IKURA / Salmon Roe

海膽（雲丹）
UNI / Sea Urchin

星鰻（穴子）
ANAGO / Conger Eel

玉子燒（玉子燒き）
TAMAGOYAKI / Japanese Omelet

季節 Seasons

壽司料			1月 January	2月 February	3月 March	4月 April
白肉魚	鯛魚	Sea Bream				
	比目魚	Left-Eye Flounder				
	幼鯛魚 (春子鯛)	Young Sea Bream				
	鰈魚	Right-Eye Flounder				
紅肉魚	鮪魚	Tuna	5日初競標			澳洲、
	鰹魚	Bonito				初出鰹魚
青皮魚	沙丁魚	Sardine				
	白魽	White Trevally				
	竹筴魚	Horse Mackerel				
	鰶魚 〔小鰭〕	Gizzard Shad				
	鯖魚	Mackerel				
	水針	Halfbeak				
貝類	象拔蚌	Gaper				
	赤貝	Ark Shell				
	鮑魚	Abalone				
	貝柱	Adductor in Round Clam				
	日本鳥尾蛤	Cockle				
	文蛤	Cherry Stone Clam				
烏賊‧章魚‧蝦	墨魚	Golden Cuttlefish				
	軟絲	Bigfin Reef Squid				
	章魚	Octopus				
	甜蝦	Sweet Shrimp				
	牡丹蝦	Spot Prawn				
	明蝦	Prawn				
	蝦蛄	Mantis Shrimp				
魚卵‧星鰻	鮭魚卵	Salmon Roe				
	海膽	Sea Urchin				
	星鰻	Conger Eel				

雖然隨著保存技術進步以及物流網日漸發達，現在一年四季皆可吃到來自國內外的各種美味海鮮，但日本本身地形因南北狹長且複雜，造就了多樣化的海域，使用自日本海域所捕獲的當令海鮮做成的壽司可說別有一番滋味。

*每年的實際產季會因著產地、氣候不同而有所差異。

5月 May	6月 June	7月 July	8月 August	9月 September	10月 October	11月 November	12月 December
紐西蘭進口		波士頓進口		國內			
				迴游鰹魚			
		新子⓬					
		新烏賊⓭					

⓬ 即小鰭的幼魚。
⓭ 即墨魚的幼體。

漁場地圖 Fishery Map

鮪魚的洄游

—— 夏～秋（北上）

----- 秋～冬（南下）

● 黑鮪魚的主要產地

禮文

利尻

增毛

常呂

余市

小樽

苫小牧

廣尾

奧尻　瀨棚

浦河

知內　戶井

大間

龍飛崎

三厩

八戶

大船渡

七濱

氣仙沼

鹽釜　石卷

閖上

佐渡島

相馬原釜

新潟

富山

鹿島

境港

舞阪

桑名

燒津

日生

明石

三河灣

御前崎

對馬

淡路

加太

壹岐

今治

鳴門

周參見

觀音寺

那智勝浦

太良

日出

大分

串本

佐賀關

五島列島

長崎

愛南

天草

出水

川南

宮崎

油津

有明

伊豆、小笠原路線

紀州沿岸路線

黑潮路線

鰹魚的
北上路線

日本四面環海，自古以來各地便可捕到品質優良新鮮的漁獲，
因此使用生魚的握壽司之誕生可說絕非偶然。
大海無疆界，每種海鮮在不同季節有適宜的棲地，該地既是漁場，
亦演變為魚貨的品牌代名詞。

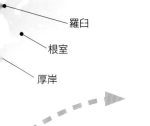

羅臼

根室

厚岸

【本書收錄之壽司料的主要漁場】

鯛魚	和歌山 (加太)、瀬戶內海 (鳴門、淡路、今治)
比目魚	北海道 (瀬棚)、千葉 (銚子)、青森 (八戶)
幼鯛魚 (春子)	東京灣、兵庫 (淡路)、鹿兒島 (出水)
鰈魚	北海道 (知內)、東京灣 (橫須賀)、大分 (日出)
鰹魚	宮城 (石卷)、千葉 (勝浦)、和歌山 (周參見)、宮崎 (油津)
沙丁魚	千葉 (銚子)、靜岡 (燒津)、和歌山 (串本)、鳥取 (境港)
白魽	千葉 (外房)、東京 (伊豆七島)、 和歌山 (串本)、愛媛 (愛南)
竹筴魚	千葉 (富津)、大分 (佐賀關)、鹿兒島 (出水)
鰶魚 (小鰭)	東京灣、靜岡 (舞阪)、佐賀 (太良)、熊本 (天草)
鯖魚	宮城 (石卷)、千葉 (富津)、鳥取 (境港)、大分 (佐賀關)
水針	宮城 (七濱)、愛知 (三河灣)、兵庫 (淡路)
象拔蚌	東京灣、愛知 (三河灣)
赤貝	宮城 (閖上)、香川 (觀音寺)、大分
鮑魚	千葉 (內房、外房)
貝柱	北海道 (苫小牧、奧尻)、千葉 (富津)
日本鳥尾蛤	愛知 (三河灣)、東京灣、香川 (觀音寺)
文蛤	茨城 (鹿島)、千葉 (九十九里)、愛知 (桑名)
墨魚	熊本 (天草)、鹿兒島 (出水)
軟絲	長崎 (五島列島)、千葉 (館山)、靜岡 (御前崎)
章魚	神奈川 (佐島、久里濱)、兵庫 (明石)、長崎
甜蝦	北海道 (余市)、新潟、富山
牡丹蝦	北海道 (增毛)、富山
明蝦	東京灣、大分、熊本 (天草)、宮崎
蝦蛄	北海道 (小樽)、東京灣 (小柴)、 福島 (相馬原釜)、岡山 (日生)
鮭魚卵	北海道 (常呂、羅臼、廣尾、浦河)
海膽	北海道 (余市、利尻、禮文、厚岸、根室、羅臼)
星鰻	宮城 (石卷)、東京灣、長崎 (對馬)
海苔	長崎 (有明)

＊養殖場亦包含在內。不同季節可能會有所變動。
＊雖然魚貨會從世界各地進口，此表主要以在壽司店常聽見之產地為中心所製成。

銚子●

東京灣

●九十九里

小柴　內房

橫須賀　●富津

佐島　久里濱　外房

館山　勝浦

伊豆七島

吧檯 Counter

握壽司、享用壽司，這兩種和壽司相關的動作所交會之處——吧檯。
吧檯有如舞台，客人可以欣賞站在吧檯內側的板前所進行的每一道工序。
壽司店所獨有的特殊空間，豁然展開盡收眼底。

［第 2 章］

事前處理I
魚

Preparing I

菜刀

壽司店備料處理的第一件重大作業
便是用菜刀分切進貨的海鮮。
在廚房將各種魚處理後或切成柵塊或剖開使用，
到了板場，則要站在客人面前用菜刀切出最終成品。
一旦下刀便無法再恢復原狀，
可說是絲毫輕忽不得的作業。

HOCHO /
Japanese Kitchen
Knife

菜刀是備料及切出最終成品時不可或缺的工具，就像是廚師手的一部分。生魚片整齊俐落的四角及閃耀著光澤的剖面所代表的不僅止於美麗的外觀，菜刀的「鋒利度」亦會強烈左右味道及口感。菜刀根據用途不同可分成不同種類，光日本常用的刀就達數十種之譜。當中大致可分成繼承日本刀鑄造技術的「日式菜刀」、在日本家庭間相當普及的「西式菜刀」，以及中式料理所使用的「中式菜刀」幾個類別，而壽司店常用的則是日式菜刀。日式菜刀與西式菜刀最大的差異在於刀刃。日式菜刀大多是由柔軟的軟鐵和堅硬的鋼組合成的「單刃」。如其名所示，僅有一邊有刀刃。其硬度很高，可切出邊角銳利的美麗生魚片。而西式菜刀則是用一片鋼板壓模製成，是正反兩邊皆有刀刃的「雙刃」，容易上手，在家庭間十分普及。壽司店最常用的日式菜刀中包括「出刃菜刀」及「柳刃菜刀」。

[單刃]　　　[雙刃]

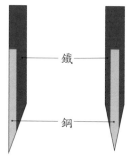

鐵

鋼

科學小常識

菜刀貴鋒利

若使用鈍刀，不僅剖面不漂亮看起來不美觀，口感也會較差。以下照片為利用掃描電子顯微鏡所觀察到的鮪魚切片的斷面。用鋒利的菜刀所切出的斷面表面很光滑，而用不鋒利的菜刀所切出的表面則粗糙不平。

鋒利的生魚片刀　鋒利的文化刀❶　不鋒利的文化刀
　所切出的　　　　所切出的　　　　所切出的
　　剖面　　　　　　剖面　　　　　　剖面

（圖片提供：日立先端科技股份有限公司）

❶ 即三德刀，可切肉、菜、魚的萬用刀，文化之名是因為
日式菜刀受到西式飲食文化影響改良而來故得名。

單刃菜刀 KATABA / Single-Edged Knife

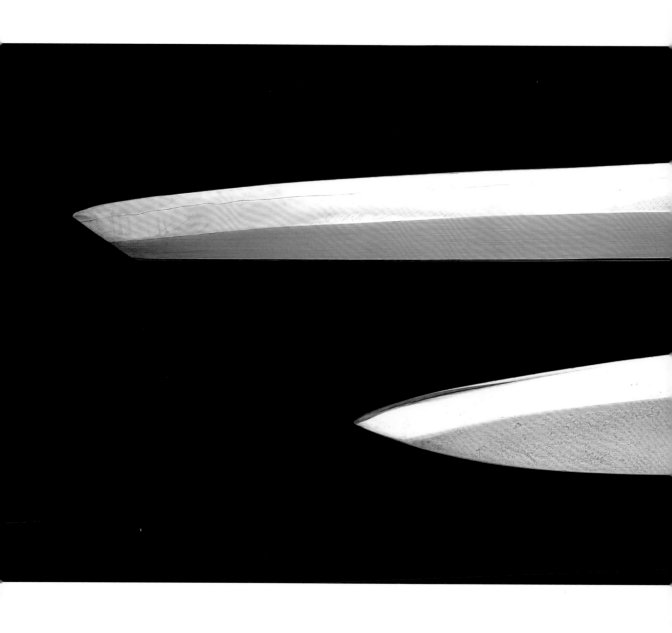

［柳 刃］ 刃長24～36cm的細長菜刀，刀的前端呈尖狀。特點為十分鋒利，可切出漂亮的切口，用於切生魚片及其他壽司料。由於刀刃很長，不需要反覆來回移動菜刀即可一口氣「拉切」，可切出平滑的切口。將食指置於刀背的部分安定刀身，再用其餘手指握住刀柄。一邊看準纖維方向一邊入刀，調勻呼吸，以要運用整體菜刀刃根至刀刃尖端的感覺，行雲流水般迅速拉動刀身切下。

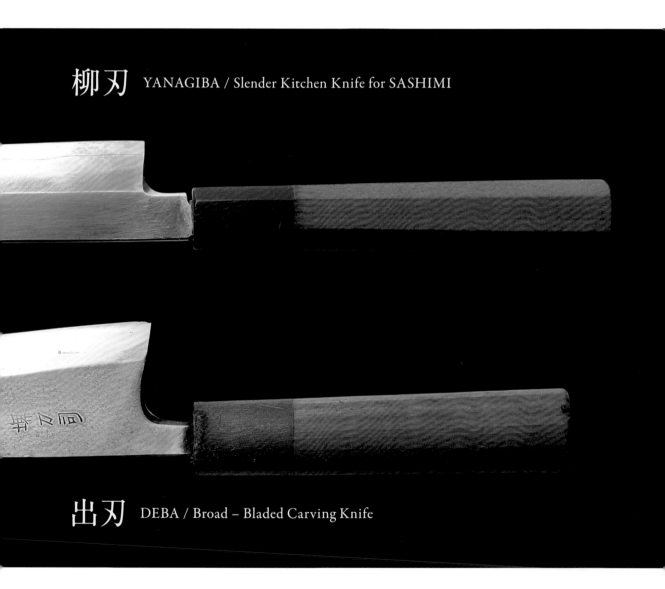

柳刃 YANAGIBA / Slender Kitchen Knife for SASHIMI

出刃 DEBA / Broad – Bladed Carving Knife

［出 刃］ 刀身厚且寬的菜刀，主要用於魚的分切處理。刀身具有重量感，因此適合剁切魚頭或者魚骨。出刃菜刀的大小種類繁多，尺寸從長10cm的小出刃到長24cm左右的大出刃，大致以3cm為間距不一而足。持刀時將食指置於刀上，中指輕放在刀顎下的凹陷處，再用無名指和小指包住刀柄。

菜刀各部位名稱 Parts of Japanese Kitchen Knife

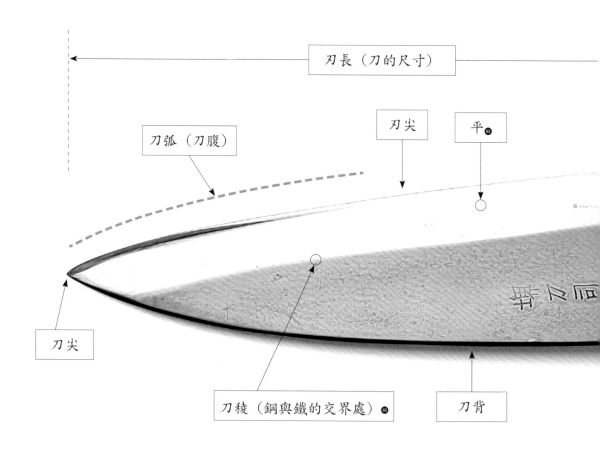

刃長（刀的尺寸）

刃尖

平 ②

刀弧（刀腹）

刀尖

刀稜（鋼與鐵的交界處）③

刀背

菜刀製作過程～傳統製刀法～
Making of Japanese Kitchen Knife ~Traditional Method~

1 鍛接、鍛造	將鋼接到金屬條（軟鐵）上做出菜刀形狀的作業。於軟鐵上灑上一種叫硼砂的礦物及氧化鐵粉做為黏著劑，再放上小片的鋼片以900℃前後去加熱再用槌子搥打成形。
2 粗修	修整鍛造時產生的歪斜及扭曲部分，切削去多餘部分修整形狀。刻印亦在此階段進行。
3 熱處理（焠火）	塗上溶於水中的燒土或砥粉（磨刀石的粉末，燒製黏度所製成的粉末），乾燥後入爐用約800℃溫度去燒再用水急速冷卻。藉由焠火步驟可提升鋼的硬度。

---

② 平，亦稱地或平地，指刀稜至刃尖間的部分。

③ 日文稱縞筋。

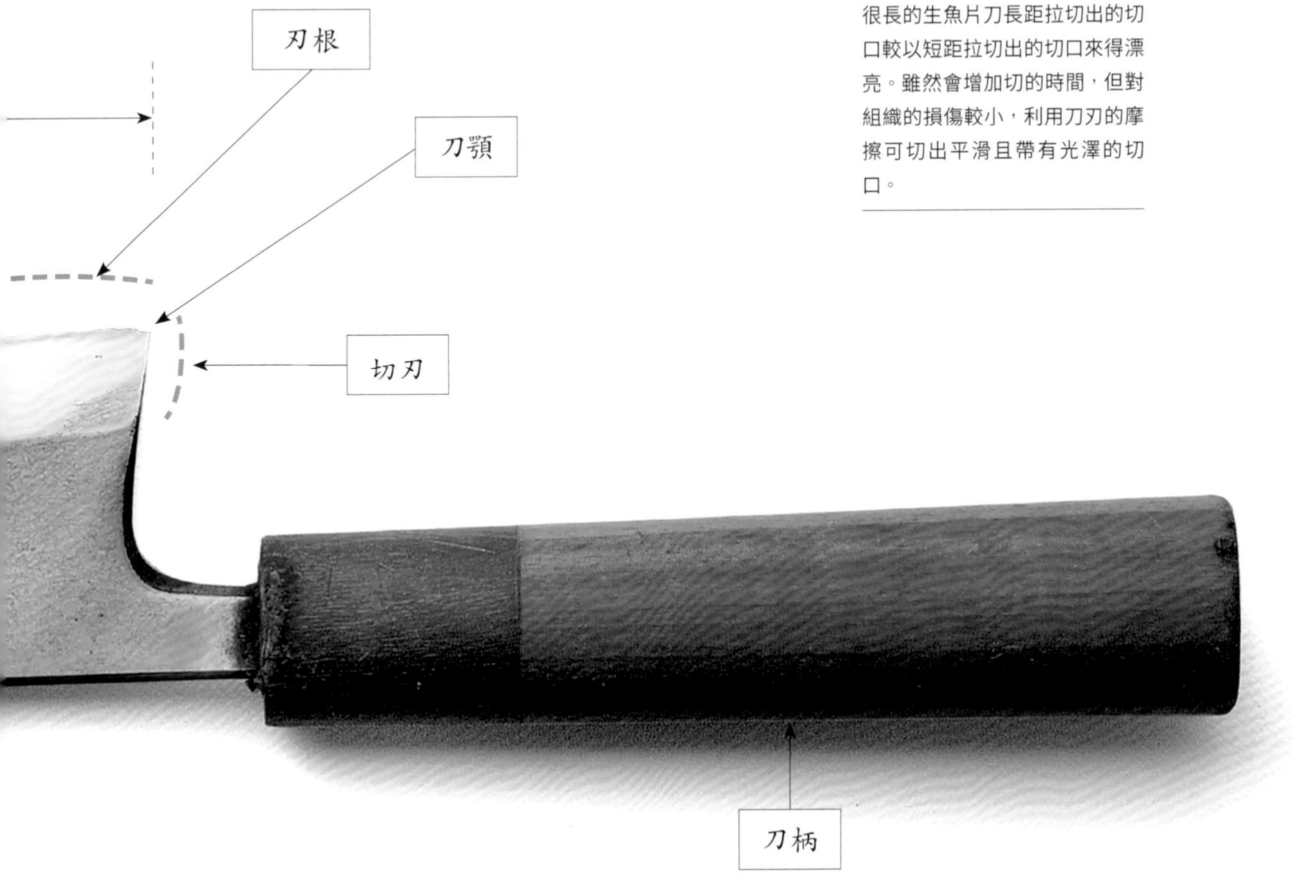

刃根

刀顎

切刃

科學小常識

柳刃刃長之因

根據實驗結果，用柳刃這種刀身很長的生魚片刀長距拉切出的切口較以短距拉切出的切口來得漂亮。雖然會增加切的時間，但對組織的損傷較小，利用刀刃的摩擦可切出平滑且帶有光澤的切口。

刀柄

4 熱處理 （回火）、精修	焠火處理後鋼會變得堅硬，但同時也變得很脆。用150～200°C去加熱焠火後的刀，使其慢慢冷卻可增強刀的韌性。平衡硬度與韌性是決定菜刀鋒利度的重要要素，也被認為是最困難的步驟。精修即是用鐵槌去搥打修整熱處理後去掉土及砥粉所產生的歪曲部分。
5 研磨、加柄	依序更換由粗至細的磨刀石去研磨刀刃。此時刀刃部分的溫度會因研磨而上升，為了不讓部分硬度減低或者產生裂痕，會使用大量的水一邊冷卻一邊研磨。最後，嵌入刀柄再修整一下即告完成。

白肉魚

SHIROMI / White-Fleshed Fish

魚肉顏色白皙，血合少的魚稱為白肉魚。
滋味清淺但仍帶有鮮味，
晶瑩剔透的魚肉除了可以生食，
也可用鹽或昆布醃過，
和壽司飯一起食用，會有獨特的口感及風味。

在以江戶前壽司自居的壽司店，白肉魚的代表魚種指的即是鯛魚、鰈魚和比目魚，但近年來種類有增加的趨勢。除了前述三種魚外，有許多店家亦會將鱸魚、牛尾魚❶、剝皮魚❺、棘黑角魚❻、金目鯛❼以及河豚、鮟鱇魚、狼牙鱔等食材納入壽司料。優良的白肉魚魚肉細膩緊實，肉質透亮。滋味雖清淺，但淡淡的鮮味和香氣卻存在感十足。能讓白肉魚發揮最大魅力的技術亦十分發達。舉一處理法為例，在買到經過活締處理，白肉魚中相當受歡迎的比目魚等魚貨後，可去皮五枚切用布包起放置冷藏，直到魚肉狀態變化到符合自己喜好的狀態為止。

科學小常識

活締及放血

魚一旦掙扎亂動，會消耗掉鮮味成分肌苷酸的來源ATP（請見52頁）。為了抑制ATP的消耗，捕獲後要迅速殺魚讓魚鎮靜下來。做法有「活締」與「神經締」兩種，一般採用活締法，視需要才會再用「神經締法」。

活締法可用手持鉤刀刺入魚的延髓或者用菜刀切斷延髓。不過，大型魚就算經過活締處理暫時鎮靜下來，經過一段時間後又可能再度動起來消耗ATP。為了抑制魚的活動，會再用「神經締法」，用鐵線刺入脊髓破壞神經，使神經訊號無法傳送至腦部。透過活締或神經締處理可將ATP留在體內，延遲死後僵直的時間。殺魚後可用手持鉤刀或刀子切開魚鰓的膜或尾部附近的動脈放血。放血處理可抑止放置一段時間後可能產生的變色情況及血腥味，讓魚肉顏色更漂亮，鮮味也會更佳。

---

❶ 鯒，學名 *Platycephalus sp.*。

❺ 絲背冠鱗單棘魨，學名 *Stephanolepis cirrhifer*，俗稱剝皮魚，又名鹿角魚、沙猛魚、曳絲、剝皮竹〔臺東〕。

❻ 日文漢字作魴鮄，學名 *Chelidonichthys spinosus*，俗稱雞角、角仔魚。

❼ 紅金眼鯛，學名 *Beryx splendens*，又名紅魚、紅皮刀、紅大目仔。

分切鯛魚 Fillet the Sea Bream into Three Pieces

鯛魚是魚肉柔軟、魚骨十分堅硬的魚。尤其是野生鯛魚有血管棘，自脊椎骨延伸到腹側部位有時會帶有隆起的小刺。也因此容易損傷菜刀，分切時魚肉也容易碎掉，被認為是很難處理的魚。使用出刃菜刀將其分切成上魚身、中骨及下魚身三片。鯛魚魚皮下含有很高的鮮味成分，口感又清脆，做成壽司時除了去皮後去握的作法外，也可帶皮僅將魚皮部分用熱水快速燙過（湯引）後使用。

TAI / Sea Bream
鯛魚

鯛科的魚雖然種類繁多，但壽司的世界裡若單講鯛魚，大多指的是真鯛。鮮豔的紅色外觀非常氣派，自古以來日本便視鯛魚為喜慶吉利的魚。雖說野生釣得的鯛魚肉質優良非常珍貴，但市面上也有許多養殖鯛魚。真鯛的滋味極為鮮甜，富含讓人感到甘甜的胺基酸成分——甘胺酸，其含量甚至高於鰹魚和鮪魚。

使人感到甘甜的甘胺酸含量（每100g）		
鯛魚	8～34mg	
鰹魚	4～7mg	摘自日本營養、糧食學會官網「食品的游離胺基酸含量」
鮪魚	3～8mg	

使用刮鱗器仔細去除魚鱗。自魚尾朝魚頭方向逆著鱗片小幅度移動刮鱗器，刮除魚頭外的魚片。之後再換用出刃菜刀，將菜刀立起仔細刮除腹側及魚頭附近等部位的鱗片。魚頭及背鰭等不平的部位可用刀尖去除鱗片。

三枚切 Fillet a fish into Three Pieces

三枚切切法是魚最基本的分切方法，分切時用的是出刃菜刀。如其名所示會分切成三片。用於壽司料的魚中，除了鯛魚外，竹筴魚、鰹魚等大多數的魚都可分切成上魚身、中骨及下魚身三片，再將上魚身及下魚身切成生魚片柵塊。分切前要先完成「水洗處理」的一連串作業，包括刮除魚鱗、去除內臟並清洗以及切除頭尾。

【水洗處理】

1 去除魚鱗（請見35頁）。

2 魚頭朝右，魚腹朝自己手邊方向放置，打開鰓蓋插入刀尖，沿著下巴切開。切斷下巴及魚鰓間的薄膜。翻面後一樣切斷下巴及魚鰓間的薄膜。

3 打開鰓蓋插入刀尖，切斷正反兩面的鰓片根部，拉出魚鰓。

4 為了不要傷到內臟，僅使用刀尖部分入刀，一路自魚顎切開至肛門處。

5 用手拉出內臟，再用菜刀切除。

6 用刀尖沿著中骨切下血合。

7 用流水仔細沖洗魚肚內部，再用微濕的布擦過。

8 沿著胸鰭與腹鰭的連線入刀，切到中骨後停止。翻面，用同樣方法去切。

9 立起菜刀，一口氣剁下連接魚頭和魚身處的骨頭，切下魚頭。

1 分切上魚身。將魚腹朝自己手邊方向、魚尾朝左放置，用手提起上魚身輕輕打開，自腹鰭根部處沿著中骨入刀。菜刀於至背骨●為止一半深處入刀，朝尾側切開。

2 切至尾部後先抽出菜刀，再從頭側開始切。用手輕輕提起上魚身，配合切開的速度一點一點提起上魚身，沿著魚骨切至尾側。

● 中骨中央粗大的魚骨。

3 自頭側向尾側分次切開，直到切到背骨上方。

4 切至背骨處後將尾側朝右，背側朝自己手邊方向
放置，自尾側朝頭側淺淺入刀劃開。

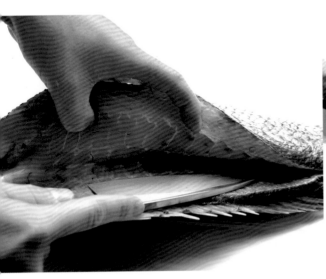

5 用手輕輕提起上魚身，配合切開的速度一點一
點提起上魚身，沿著中骨切至頭側。沿著背骨入
刀，直到切到背骨處。

6 用刀尖沿著背骨上方隆起部分去切。

7　將刀刃朝向尾側，一口氣卸下上魚身。

8　頭側朝右、背側朝自己手邊方向放置，沿著中骨淺淺入刀劃開。

9　用手輕輕提起下魚身，配合切開的速度一點一點提起下魚身，沿著魚骨切至尾側，朝著背骨切開。

10　沿著背骨入刀，直到切到背骨處。

11 尾側朝右、腹側朝自己手邊方向放置，自尾側分次切開，切到剛剛已經切開處。

12 將刀刃朝向尾側，一口氣卸下下魚身。

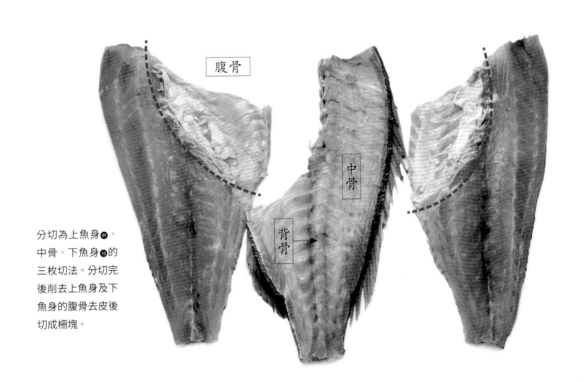

腹骨

中骨

背骨

分切為上魚身❾、中骨、下魚身❿的三枚切法。分切完後削去上魚身及下魚身的腹骨去皮後切成柵塊。

---

❾ 上身（UWAMI），將魚頭朝左放置時朝上的面，亦稱表身。

❿ 下身（SHITAMI），將魚頭朝左放置時朝下的面，亦稱後身。

分切比目魚或鰈魚 Fillet the Left-Eye Flounder and Right-Eye Flounder

比目魚或鰈魚是棲息於海底的魚，體型呈扁平狀。藉著這個外型可和海底化為一體，使外敵不容易發現其行蹤。兩種魚雖然很相似，但如口訣「左比目右鰈魚」所示，可靠眼睛的位置來分辨。體型扁平且寬，利用五枚切切法，沿著中央的背骨入刀，再分別朝腹鰭和背鰭切開，如此便可不傷到魚肉順利分切。

HIRAME / Left-Eye Flounder

比目魚

野生比目魚的產季是晚秋到初春，到了降霜時節油脂會變豐厚，魚肉較為肥美。春天到夏天產的比目魚因為已經產過卵，味道會變差，因此很多壽司店不會使用。一條魚只能取到少量的「鰭邊肉」，這是比目魚經常使用，用以控制背鰭及腹鰭的肌肉，有著爽口的咬勁和鮮味，十分美味，是非常受歡迎的部位。

比目魚及鰈魚的魚鱗非常小且密密覆蓋全身。可用柳刃菜刀薄薄地切削表面去鱗,此手法稱「削鱗」。兩面的魚鱗包括正面的黑色魚鱗以及背面的白色魚鱗皆要去除。

KAREI / Right-Eye Flounder

鰈魚

種類繁多,但用來當壽司魚料的鰈魚以真子鰈⓫及星鰈⓬最受歡迎。兩者的野生產季皆為夏季,其中星鰈又是白肉魚當中被形容為「夢幻」之魚的高級壽司料。鰈魚最大的魅力就在於口感,由於富含膠原蛋白,生食時會產生爽脆的咬勁。

⓫ *Pleuronectes yokohamae*鈍吻鰈、鈍吻黃蓋鰈。

⓬ *Verasper variegatus*花片、圓斑星鰈。

五枚切 Fillet a Fish into Five Pieces

五枚切切法適用於比目魚及鰈魚等身形扁平的魚。如其名所示，會分切成含中骨共五片魚。鰭邊肉是魚鰭根部處的肌肉，用於控制魚鰭，因此肌肉相當發達。壽司料只會使用這個部分，因此要仔細地分切小心不要破壞到魚肉。分切前要先完成「水洗處理」的一連串作業，包括先用柳刃菜刀削除魚鱗、去除內臟並清洗以及切除頭尾。

【水洗處理】

1　先用柳刃菜刀削去魚鱗（請見41頁）。剩下的魚鱗再用出刃菜刀去除。
2　用出刃菜刀自胸鰭旁入刀，沿著魚下巴切開，翻面一樣沿著下巴切開，將魚頭連同內臟一起切下。
3　清洗乾淨後擦乾水分。

1　使用出刃菜刀。將魚頭朝右上斜放，用左手輕壓魚身，自魚身中央的背骨上方直直入刀切出切口。

2　沿著魚鰭邊緣用刀尖在魚肉和魚鰭間淺淺劃出切口。

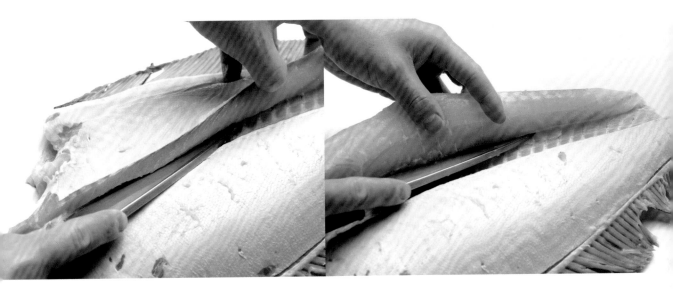

3 將魚尾朝右上斜放，用刃尖斜斜入刀，自中央朝　　4 用刀尖將魚鰭和魚肉間切開。
　內側沿著中骨分次切開。

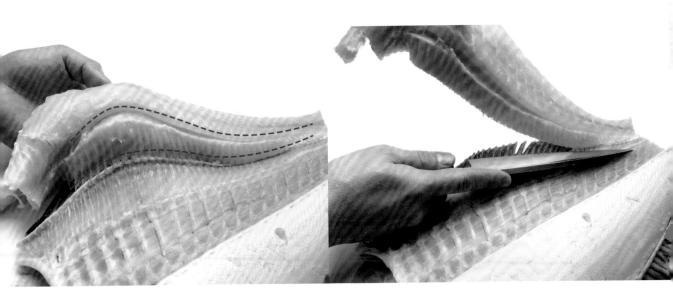

5 慢慢提起魚肉，虛線圈起處即是鰭邊肉。　　　　　6 橫倒菜刀，用刃尖切入魚鰭和魚肉間，慢慢地卸
　　　　　　　　　　　　　　　　　　　　　　　　　下半邊魚肉。

7 頭側朝右上斜放，用刃尖斜斜入刀，沿著中骨將另外半邊魚肉分次切開。用刃尖切入魚鰭和魚肉間，慢慢地卸下半邊魚肉。

8 將魚翻面，沿著魚鰭邊緣用刀尖在魚肉和魚鰭間淺淺劃出切口。

9 將魚尾朝右上斜放，用左手輕壓魚身，自魚身中央的背骨上方用出刃菜刀直直入刀切出切口。

10 將魚尾朝右上斜放，用刃尖斜斜入刀，自中央朝內側沿著中骨分次切開。

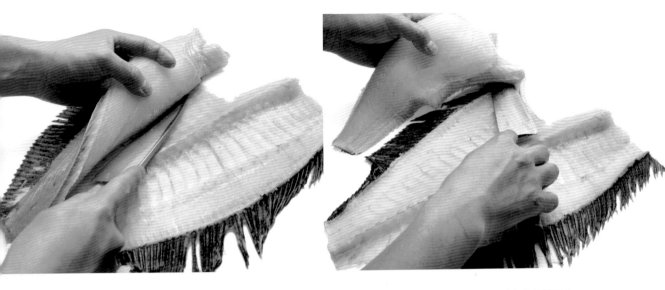

11 　沿著中骨用刀尖切入魚鰭和魚肉間切出切口。

12 　慢慢提起魚肉。橫倒菜刀，用刃尖切入魚鰭和魚肉間，慢慢地卸下半邊魚肉。最後將刀刃朝向頭側切下。

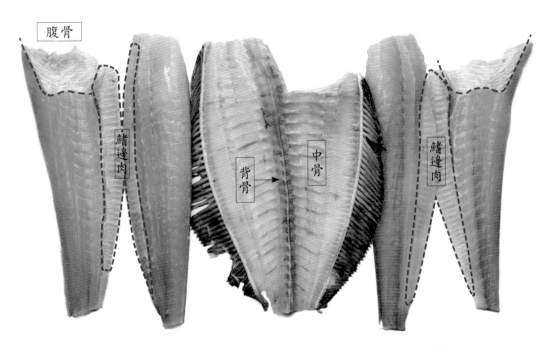

腹骨

鰭邊肉

背骨

中骨

鰭邊肉

分切成兩片腹肉、兩片背肉以及中骨的五枚切。分切後用菜刀削去腹骨並去皮切成柵塊。鰭邊肉亦要切下並去皮。

昆布締 Kelp Tightening

昆布締是用昆布夾住魚的柵塊或者魚的切片後放置一段時間的調理手法，經常用於鯛魚、比目魚、鰈魚等白肉魚上。昆布富含一種叫麩胺酸的鮮味成分，此麩胺酸會轉移至魚肉當中。魚肉中富含另一種鮮味成分肌苷酸，和麩胺酸結合後，鮮味會變得比兩種鮮味成分分別嘗起來還要強上數倍——這即是鮮味的加乘效果，可運用昆布締來達成這種效果。

此外，昆布是乾貨，讓魚的水分轉移到昆布上可讓魚肉更為緊實。脫水後魚肉變得緊實，鮮味成分也更加濃縮，吃起來鮮味會更加強烈。

昆布締的時間可從數小時到數日不等。隨著放置的時間及溫濕度不同，味道和口感亦會有所不同，要控制成品達成何種狀態正是昆布締調理法的醍醐味，也全憑壽司職人們的手藝和本事。

befor

比目魚的柵塊。昆布締時，先以用力擰過的布將昆布擦過。

after

夾在昆布中經過兩天的比目魚柵塊。脫水後肉質變得緊實，魚肉染上昆布的色素呈黃褐色。比目魚所含的肌苷酸（IMP）與昆布所含的麩胺酸（Glu）相互加乘，吃起來鮮味強烈。

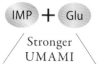

IMP ✚ Glu
／ Stronger ＼
UMAMI

魚的肌肉 Muscle of Fish

魚肉即魚的肌肉，無論魚的種類，都可大致分成橫紋肌及平滑肌兩種類別。若是烏賊和章魚等無脊椎生物則會有斜紋肌。

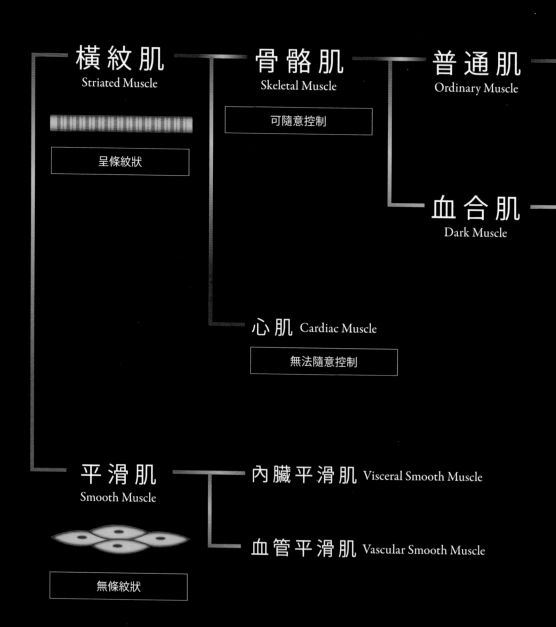

橫紋肌
Striated Muscle

呈條紋狀

骨骼肌
Skeletal Muscle

可隨意控制

普通肌
Ordinary Muscle

血合肌
Dark Muscle

心肌 Cardiac Muscle

無法隨意控制

平滑肌
Smooth Muscle

無條紋狀

內臟平滑肌 Visceral Smooth Muscle

血管平滑肌 Vascular Smooth Muscle

白肉魚：將有嚼勁的
白肉削切成薄片較容
易咬。

白色肌
White Muscle

 白肉魚

不耗氧而利用分解肌肉中的肝糖獲取能量來動
作。過程瞬間即可完成，在狙擊獵物或逃走時十
分有效。

【膠原蛋白含量】

多

少

紅色肌
Red Muscle

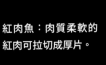 紅肉魚

利用肌紅素這種色素蛋白自血液中獲得氧氣，有
效使用脂質以獲取能量。因此可長時間游水。

紅肉魚：肉質柔軟的
紅肉可拉切成厚片。

【血合含量】

少   多

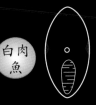

鯛魚或比目魚、鰈魚等白肉魚
血合含量少，並不發達。

鯖魚或竹筴魚等
肉色帶淡紅色的魚，血合發達，
已進入魚的內部。

鮪魚肉顏色相當紅，
血合深入內部，
非常發達。

魚的死後僵直 Rigor Mortis of Fish

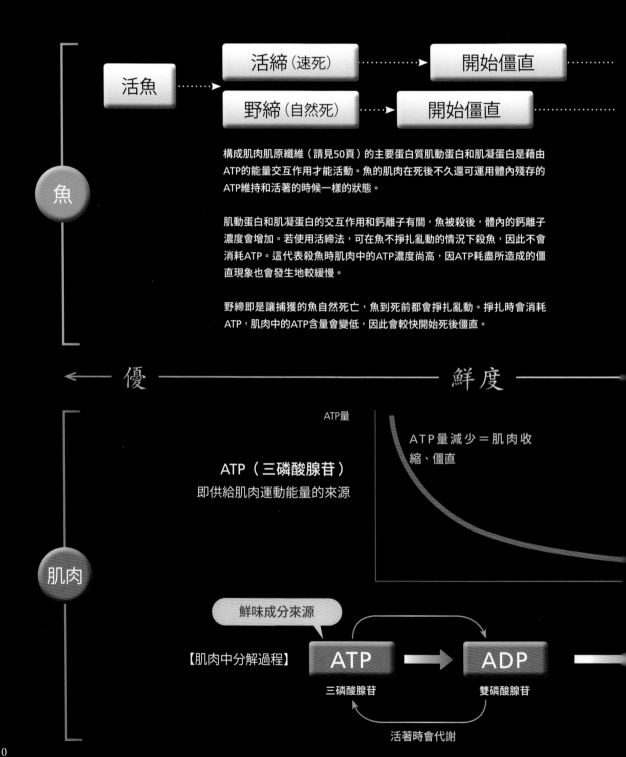

活魚 ┈┈┈▶ 活締（速死） ┈┈┈▶ 開始僵直 ┈┈┈

活魚 ┈┈┈▶ 野締（自然死） ┈┈┈▶ 開始僵直 ┈┈┈

構成肌肉肌原纖維（請見50頁）的主要蛋白質肌動蛋白和肌凝蛋白是藉由ATP的能量交互作用才能活動。魚的肌肉在死後不久還可運用體內殘存的ATP維持和活著的時候一樣的狀態。

肌動蛋白和肌凝蛋白的交互作用和鈣離子有關，魚被殺後，體內的鈣離子濃度會增加。若使用活締法，可在魚不掙扎亂動的情況下殺魚，因此不會消耗ATP。這代表殺魚時肌肉中的ATP濃度尚高，因ATP耗盡所造成的僵直現象也會發生地較緩慢。

野締即是讓捕獲的魚自然死亡，魚到死前都會掙扎亂動。掙扎時會消耗ATP，肌肉中的ATP含量會變低，因此會較快開始死後僵直。

魚

◀─ 優 ──── 鮮度 ────

ATP量

ATP（三磷酸腺苷）
即供給肌肉運動能量的來源

ATP量減少＝肌肉收縮、僵直

肌肉

鮮味成分來源

【肌肉中分解過程】 ATP ▶ ADP

三磷酸腺苷　　　　雙磷酸腺苷

活著時會代謝

呼吸停止後，會停止對魚肉，即肌肉中的氧氣供應，因此會和活著時的肌肉狀態完全不同。隨著時間經過會逐漸產生變化。依據殺魚法不同會有相當大的差異。

| 完全僵直 | ┈┈> | 解僵、軟化 | ┈┈> | 腐敗 |

| 完全僵直 | ┈┈> | 解僵、軟化 | ┈┈> | 腐敗 |

能量來源ATP耗盡，鈣質增加，肌動蛋白和肌凝蛋白的交互作用停止。兩者會結合變得無法活動，此即死後僵直。

死後僵直後過一段時間會開始變得柔軟。這是由於變硬的肌肉構造崩解所引起的現象。死後僵直時肌肉組織一直呈現被拉扯的狀態，被拉扯處會變得脆弱。此外，會引起此現象的原因亦包括肌動蛋白和肌凝蛋白間的結合也隨著時間經過而開始鬆動等因素。熟成即是利用此反應去巧妙控制魚肉的狀態。

劣 ⟶

【表示魚鮮度的指標：K值】

$$K值（\%）= \frac{HxR + Hx}{ATP + ADP + AMP + IMP + HxR + Hx} \times 100$$

新鮮的參考值範圍在 10～30%間，生魚片則在 20%以下

隨著時間經過K值會逐漸上升。

上升速度快的魚⋯⋯紅肉魚
上升速度慢的魚⋯⋯白肉魚

時間

鮮味成分

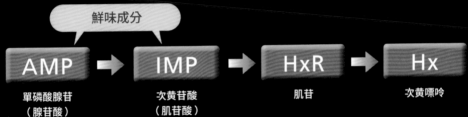

| AMP | ➡ | IMP | ➡ | HxR | ➡ | Hx |

單磷酸腺苷（腺苷酸）　　　　次黃苷酸（肌苷酸）　　　　肌苷　　　　次黃嘌呤

*ATP→HxR、Hx的變化會在微生物造成腐敗之前的階段發生，是由肌肉原本擁有的酵素作用所造成。

紅肉魚

AKAMI /
Red Fleshed-Fish

魚肉顏色紅，血合多的魚稱為紅肉魚。
紅色魚肉和白色米飯的對比十分鮮明。
油脂量豐且滋味濃厚，風味十分紮實，
其最大的魅力在於入口的瞬間會感受到一股
若有似無的清爽血香。

對自居江戶前壽司的壽司店來說，紅肉魚的代表魚種即是鮪魚和鰹
魚。其中鮪魚更位於江戶前壽司核心位置，是廣為人知的高級壽司
料。但其實鮪魚一直到二戰後的昭和年間都因油脂太多而被視為是
低等魚種。事實上，紅肉魚的脂肪含量相當高，甚至可和霜降牛肉相
比擬。鮪魚的脂肪具有就算處於低溫下亦不容易凝固的特性，因此
入口即化、口感濃稠滑順。鮪魚紅肉油脂含量高的部位之所以被稱為
「TORO」，正是由「TORORI」（表濃稠滑順之意）而來。

紅肉魚的另一方霸主鰹魚的產季有初夏及秋天兩季。前者產的鰹魚是
「初出鰹魚」（初鰹），後者則被稱為「洄游鰹魚」，而洄游鰹魚的油
脂含量約為初鰹的12倍。無論鮪魚或鰹魚都屬於洄游型魚類，都能以
高速在黑潮中游水，因此其魚肉中含有大量游水用的能量源ATP（請
見52頁），除了這些ATP能轉化為鮮味成分肌苷酸（inosinic acid，
IMP）之外，同時還要加上肌肉中所含有的有機酸肌酸（creatine）及
胺基酸組胺酸（histidine）等成分，在這些成分互相唱和之下，紅肉
魚獨特的濃厚滋味於焉誕生。

分切鮪魚 Cut into Blocks

早市的競標結束後的鮪魚會被送往中盤商解體分切，最後送到壽司店。巨大的鮪魚會由中盤商先分切成正面及背面、腹側及背側四份，再各自加以分切成前（KAMI）、中（NAKA）、後（SHIMO）三份，合計12塊的鮪魚塊，之後各店家購買時再請中盤商切出所需的量。每個部位的味道都不同，價格當然也有所差異。照片中的鮪魚塊為腹側靠頭側被稱為「腹中」（HARANAKA）的部位，油脂含量甚豐。之後會再將這種鮪魚塊分切成生魚片柵塊。

MAGURO / Tuna

鮪魚

鮪魚有黑鮪魚⑬、長鰭鮪⑭、南方黑鮪⑮、大目鮪⑯、黃鰭鮪⑰等各種種類，其中最熱門的「鮪魚」基本上就是指黑鮪魚（真鮪魚）。以開市競標每每創下高價紀錄聞名的黑鮪魚極受歡迎，全長3公尺，體重可達400公斤，其身姿威風十足，可謂是鮪魚中的王者。其特徵為帶有些微的酸味和清爽的血香、濃厚的鮮味，以及入口即化的美味油脂。大多數的壽司店會先將鮪魚熟成，此熟成處理的控制對鮪魚的味道來說至關緊要。若鮮度很高，口感及香氣雖然強，但鮮味會稍嫌不足。反之，一旦過度熟成，鮮味雖然強烈，卻會減損鮪魚獨特的香氣與口感。必須要擁有能精準判斷的眼力去掌握最佳食用時機與狀態。

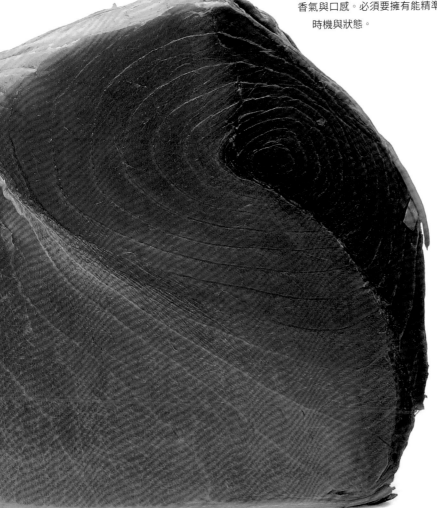

⑬ 又名東方藍鰭鮪、東方鮪，學名*Thunnus orientalis*，俗名黑甕串、黑串、烏甕串、串魚、烏暗串。

⑭ 學名*Thunnus alalunga*，俗名串仔（臺東）、長鰭串、白肉串、長鬚甕串。

⑮ 學名*Thunnus maccoyii*，俗名油串。

⑯ 學名*Thunnus obesus*，日文一般使用片假名表記，漢字作目鉢（目鉢鮪），別名大目仔、大眼鮪、大目串、短墩、串仔〔澎湖〕、短鮪。

⑰ 學名*Thunnus albacares*，俗名串仔、黃奇串、黑肉、甕串、黃鰭串〔澎湖〕。

切成柵塊 Cut and Divide Tuna into Fillets

鮪魚和其他壽司料不同，幾乎不會整隻進貨。壽司店買入鮪魚塊後便會直接分切成生魚片柵塊。

首先先大致切成血合、赤身、大腹肉、中腹肉四塊。血合為呈紅黑色的地方，是縱貫魚類中央的肌肉，由於擁有較多和血液中血紅素相近的色素蛋白——肌紅素，故顏色較深。魚在游水時會用到血合，肌肉組織中的肌紅素可儲蓄氧氣供給肌肉使用，因此在運動量高的鮪魚及鰹魚等紅肉魚類中非常發達。此部位幾乎不會用來做成壽司料。切下血合後，將剩下的鮪魚塊分切成實際可用於壽司的赤身、大腹肉、中腹肉三塊。

1 將鮪魚塊血合處朝上放置，用柳刃菜刀於血合和赤身的交界處入刀，沿著交界處切下血合。

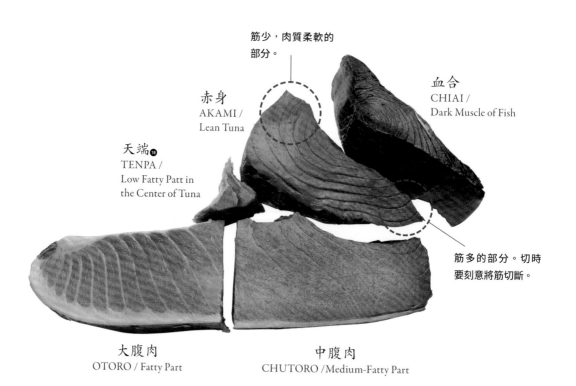

筋少，肉質柔軟的部分。

赤身
AKAMI /
Lean Tuna

血合
CHIAI /
Dark Muscle of Fish

天端⑩
TENPA /
Low Fatty Patt in
the Center of Tuna

筋多的部分。切時要刻意將筋切斷。

大腹肉
OTORO / Fatty Part

中腹肉
CHUTORO /Medium-Fatty Part

⑩ 鮪魚最中央的赤身。

2 菜刀與砧板平行，於赤身與中腹肉的交界處入刀，沿著交界處繼續切。

3 切成赤身及中腹肉兩塊。切下中腹肉上方3cm的魚肉，此部位即為天端。

4 切除殘留於赤身上的血合。

5 菜刀與砧板垂直入刀，切成中腹肉和大腹肉兩塊。

要將魚肉做成握壽司時，必須再進行一次分切作業，將魚切成生魚片狀的切片。如右頁照片，有些店家也會將魚事先切成方便使用的板狀魚塊放入壽司料盒中，要用時再於客人面前進行最終分切。分切時腦中要想著相當於一片壽司料的長度（一丈）再下刀。此長度因人而異，但大致上可以用食指到小指的四指寬度為基準。

中腹肉
Medium-Fatty Part

在帶皮鮪魚塊上直接用刀於3cm左右處拉切，刀與砧板呈垂直角度。當刀碰到魚皮時不要切斷，將刀打平沿著魚皮交界處切，將魚肉自魚皮上切下。將魚修整成一丈長度。用未切斷的魚皮部分覆蓋上斷面，再用紙包起來保存（大腹肉亦採同樣方式處理）。

大腹肉
Fatty Part

1 在帶皮鮪魚塊上直接用菜刀於3cm左右處拉切，刀與砧板呈垂直角度。

2 當刀切到魚皮時不要切斷，將刀打平沿著魚皮交界處切，將魚肉自魚皮上切下。將魚修整成一丈長度。

赤身
Lean Tuna

1 以約1.5cm的寬度去切。

2 將魚修整成一丈長度。

中腹肉

大腹肉

赤身

紅肉及白肉 Red-Fleshed Fish and White-Fleshed Fish

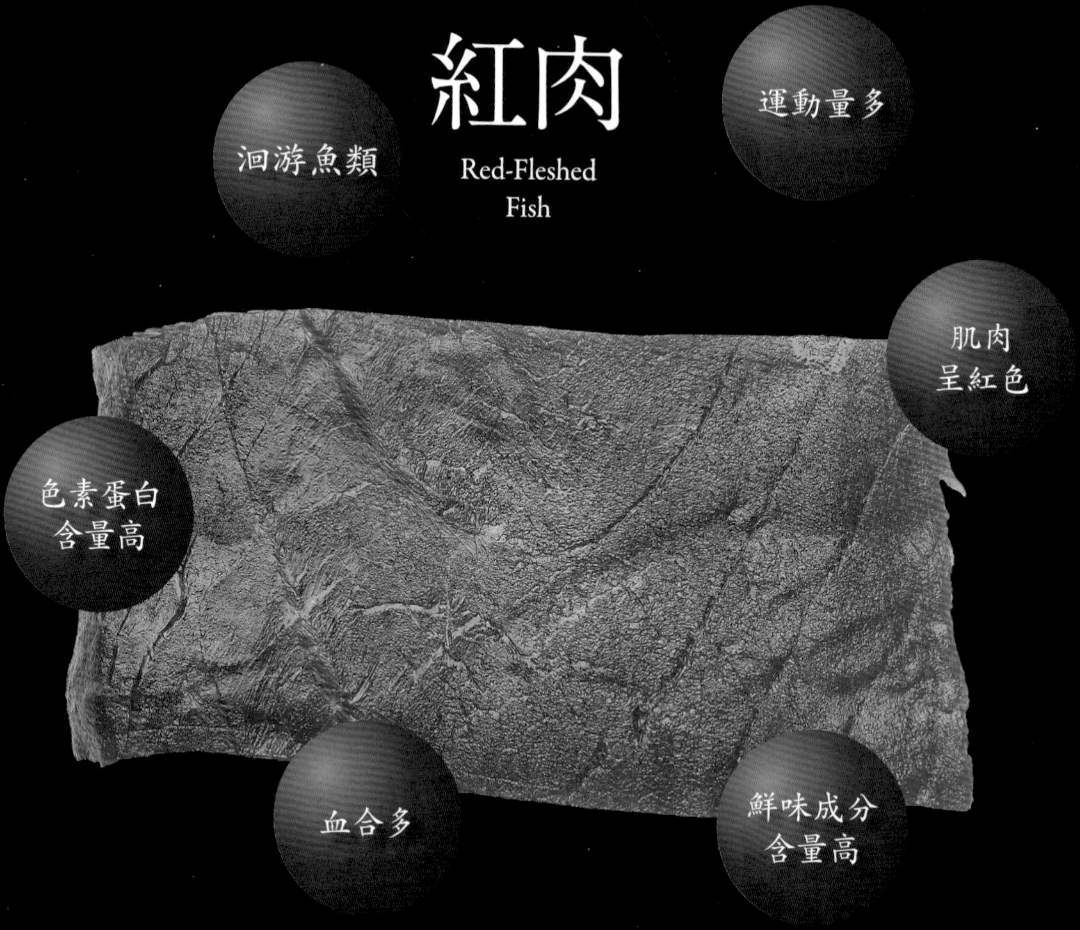

紅肉
Red-Fleshed Fish

迴游魚類

運動量多

肌肉
呈紅色

色素蛋白
含量高

血合多

鮮味成分
含量高

在海水表層游水的迴游魚類的肌肉特徵包括顏色呈紅色及血合多。就算顏色不到鮮紅色，看起來肌肉帶紅色的魚也算是紅肉魚。魚肉會呈紅色是由於肌肉中被稱為「肌紅素」的紅色色素蛋白的含量高之故。色素蛋白的功能為運送氧氣，而迴游魚類會以高速游水，運動量亦多，非常需要氧氣，因此色素蛋白含量高，魚肉顏色亦紅。此外，紅肉魚中和鮮味相關的成分的含量亦較白肉魚為高，油脂亦較豐，吃起來的味道較白肉魚濃厚。不過也因為脂肪含量高，較容易有因脂質酸化或分解時所產生的獨特臭味。

● 鰹魚、鮪魚、鯖魚、秋刀魚、沙丁魚等。

運動量
不多

中層、
底棲魚類

肌肉
呈白色

白肉
White-Fleshed
Fish

肌肉較硬

棲息於海洋中層到底部的魚類血液
中幾乎不含色素蛋白，肌肉看起來
很白，血合含量亦低，這是因為這
些魚類的運動量並不多，不像紅肉
魚對氧氣的需求量很高。雖說白肉
魚滋味清淺，但口感卻較紅肉魚來
得硬，這是由於白肉魚富含膠原蛋
白之故。膠原蛋白的含量由高至低
依序為：鰈魚等扭動全身去游水的
魚、真鯛或鱸魚等使用身體下半部
去游水的魚，最後是用尾部游水的
鮪魚及鰹魚等魚。在切白肉魚時會
切得比紅肉魚薄也是因為這個緣
故。

幾乎
沒有血合

● 鯛魚、比目魚、鰈魚、鱸魚等。

色素蛋白
含量低

放置、熟成 Aging

為了提升美味，在低溫環境儲藏一定期間的手法
稱為熟成。熟成主要用於肉上，但近來也開始應用
到魚上。魚和肉不同，死後僵直後不需要經過太久
時間就會開始變軟。若要做成生魚片當然可以趁
新鮮時直接使用，但壽司料經常會使用放置冰箱
一段時間的魚料。這是因為剛進貨的魚肉口感常
常會過於強烈無法和壽司飯互相搭配之故。有一
些魚甚至還會再經過「熟成」處理。尤其像是鮪魚
或是比目魚，會將切好的生魚片柵塊用廚房紙巾或
者布包起來後放置冷藏。要熟成到何種程度，端看
你理想的「味」、「香」以及「口感」為何。而關
於魚的熟成程度則主要取決於ATP及蛋白質的分解
程度。

目標是放置到口感及滋
味呈現可和壽司飯水乳
交融的狀態為止。

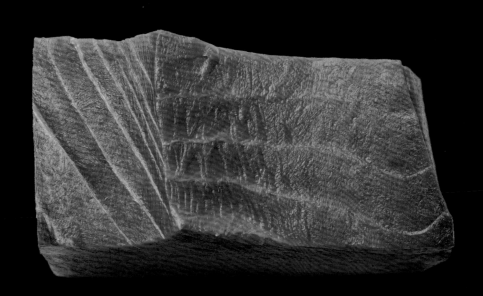

熟成後的鮪魚。

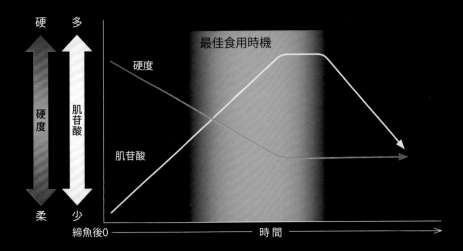

硬度及味道、最佳食用時機的示意圖

硬　多

硬　肌
度　苷
　　酸

柔　少

締魚後0 ──────── 時間 ────────→

硬度

最佳食用時機

硬度

肌苷酸

【ATP到IMP（肌苷酸）】

魚的肌肉在魚活著時是靠ATP這項成分做為能量來源去活動的。魚一旦死亡，ATP會被肌肉中所含的酵素階段性地分解掉，而在此過程中會變成鮮味成分的肌苷酸（IMP）。肌苷酸還會再進一步分解成肌苷（HxR）及次黃嘌呤（Hx）等成分。ATP轉化成IMP的反應速度非常快，但之後分解成HxR、Hx的過程卻很緩慢（請見52～53頁）。要掌握熟成的程度，最重要的就是如何去掌握ATP轉化為鮮味成分IMP持續累積的狀態以及IMP減少、鮮味開始降低的狀態。

【蛋白質到胺基酸】

在魚的熟成過程時，魚肉的狀態會因魚本身所含有的各種酵素的作用而有所變化。蛋白質是由像念珠一樣的胺基酸所串起纏繞而成的構造。魚所擁有的蛋白質分解酵素會切斷這些念珠間的連結，因而會產生大量讓魚肉吃起來美味的各種胺基酸及胜肽。胜肽帶有抑制酸味的效果，可抑制因熟成而產生的酸味，有著讓魚的味道變得圓融等作用，是讓魚肉變得美味的功臣之一。此外，一部分維持魚肉硬度的膠原蛋白等蛋白質也會因酵素的作用而分解，進而讓魚肉變得柔軟。

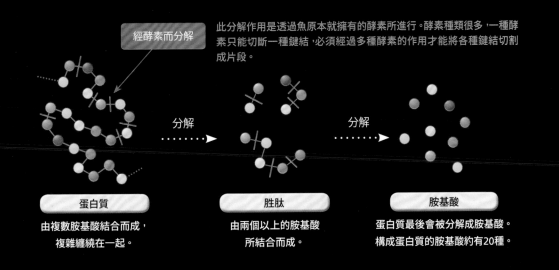

經酵素而分解

此分解作用是透過魚原本就擁有的酵素所進行。酵素種類很多，一種酵素只能切斷一種鍵結，必須經過多種酵素的作用才能將各種鍵結切割成片段。

分解 ┈┈┈→　　　分解 ┈┈┈→

蛋白質	胜肽	胺基酸
由複數個胺基酸結合而成，複雜纏繞在一起。	由兩個以上的胺基酸所結合而成。	蛋白質最後會被分解成胺基酸。構成蛋白質的胺基酸約有20種。

亮皮魚

亮皮魚為壽司店特有的稱呼方式，
包括青色、銀色和金色等
各種顏色魚皮的魚，
如其名所示，
因為表面閃耀著光澤故稱亮皮魚，
魚肉會用醋及鹽醃過後再握成壽司。
這種經過特別處理讓客人享用到和生食
不同的口感、香氣及滋味的「功夫」正是
江戶前壽司的看家本領。

HIKARI-
MONO /
Silver-Skinned
Fish

壽司店講亮皮魚指的是小鰭、竹筴魚、鯖魚、沙鮻[19]和水針等魚。魚皮的光澤來源是一種叫做鳥嘌呤的成分，以小型結晶狀片板的形態存在於魚鱗色素細胞當中。雖說鳥嘌呤並非色素，但其結晶狀片板會反射光線，因此亮皮魚看起來才會閃閃發光。

在握壽司誕生的江戶時代，會先將於東京灣捕獲的小魚用鹽或醋醃過或者昆布締處理過。現在雖然有很多店家會先去皮，以前因為醃得很入味，都是連皮一起吃——因壽司料的魚皮閃閃發亮而稱為亮皮魚肉，江戶壽司連命名也十分有品味。

亮皮魚的味道會因著鹽和醋用法上的些許差異而大相逕庭，是最考驗技術的壽司料之一，甚至有「亮皮魚最能吃出一間店的實力」一說。

---

[19] 通常指日本沙鮻。日文稱白沙鮻，學名 *Sillago japonica*，又名沙腸仔、kiss魚、沙燙仔、沙鑽〔澎湖〕。

處理小鰭 Preparing of a KOHADA

小鰭是用醋醃過後看起來更加「閃亮」的魚。帶有相當獨特的滋味與香氣,小刺很多、
魚肉也薄,要經過仔細的處理讓醋入味才能醞釀出清爽的風味以及嚼勁。閃耀著青色的
魚皮上所浮出黑色斑點十分漂亮,是吃起來美味、看起來美麗的壽司料。

進貨時要選擇魚形漂亮魚肉飽滿者為佳。腹側帶有鋸齒狀的魚鱗,因此要先用刃尖仔細
地刮除魚鱗才去進行下一步作業。

【準備】

1 將小鰭泡在鹽水當中直到要刮除魚鱗前為止。讓鹽水滲透入魚鱗間可讓魚鱗更容易去除。

2 將魚腹置於靠自己手邊處,用中指和食指壓住魚身再用出刃菜刀的刀尖切去背鰭。

3 立起菜刀抵住小鰭的表面,自魚尾朝向魚頭輕輕刮去魚鱗。

4 靠近魚頭處有個黑點,瞄準此處入刀。刀刃和魚身呈垂直角,下刀切去魚頭和魚尾。

5 將尾側朝自己對面放置,縱方向向下切開魚肚帶有內臟鼓起的部分。

6 用大拇指推出內臟,用水將內部清洗乾淨。

KONOSHIRO / Gizzard Shad

鰶魚

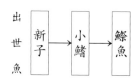

出世魚 新子 → 小鰭 → 鰶魚

鰶魚隸屬於鯡科,在不同成長階段有著不同的稱呼,是出世魚的一種。體型較大者稱鰶魚,成魚可長到約25～30cm。關東地方稱7～10cm左右的鰶魚為小鰭(關西稱都奈之[20]),而比這還小的則被稱為新子。大小約青鱗魚般小的新子售價很高,要數條才可握成一貫壽司,叫做「N片付[21]」(○枚づけ)很受客人歡迎。

[20] ツナシ(TSUNASHI),小鰭古稱,目前主要使用地區為關西及中國地方。

[21] 日文原文為○枚づけ,N為所用的新子數量。

1 頭側朝右、尾側朝左放置，用手輕壓魚身，出刃菜刀與砧板平行，自頭側沿著中骨入刀。

2 用刀尖沿著中骨一路切開。切開的兩半魚身厚度要均等，切時刀要緊緊抵住中骨，不要讓魚骨殘留在魚肉上。

3 用手指沿著正中央的背骨輕壓，打開魚身。

4 將魚皮側朝上放置。用菜刀刃尖自頭部處的魚肉與魚骨間入刀，切去魚骨。切時要注意不要讓魚骨殘留在魚肉上，僅仔細地切下魚骨部分。

5 將魚肉側朝上放置。尾部朝上，橫倒刀刃去刮除腹骨。

6 菜刀改用逆刃握法（刀刃朝上），刮除和步驟5一樣的部分。

醋漬及鹽醃 Tighten with Salt and Vinegar

醋漬小鰭首先要用鹽醃過後才會泡到醋裡。自醋中取出後還要放置數小時到一日左右的時間使之均勻入味。鹽及醋的用量、醃漬時間、等待均勻入味的放置時間等都必須因著小鰭的大小、厚度、油脂含量去做細微的調整並判斷何時才會完成。較大且肉較厚，油脂較多的小鰭需要的醃漬時間也較長，反之所需的時間則較短。打開魚肉的瞬間就必須要做出判斷，可說是非常需要經驗、直覺及技術的壽司料，也因此小鰭被稱為握壽司的橫綱。

before
after

【醋 漬】

1 在篩子上灑鹽後，將處理好的小鰭魚肉朝上排列。

2 一邊用右手撒鹽，一邊用左手搖動篩子讓小鰭全體均勻裹上鹽。

3 放置一段時間後用流水清洗，再用篩子瀝乾水分。

4 放入醋中，均勻攪拌後用醋洗過。

5 放到篩子上瀝乾醋，再放入另外一個裝有醋的容器中，魚皮朝下醃漬5～10分鐘。

6 瀝乾醋後排列於容器裡保存。

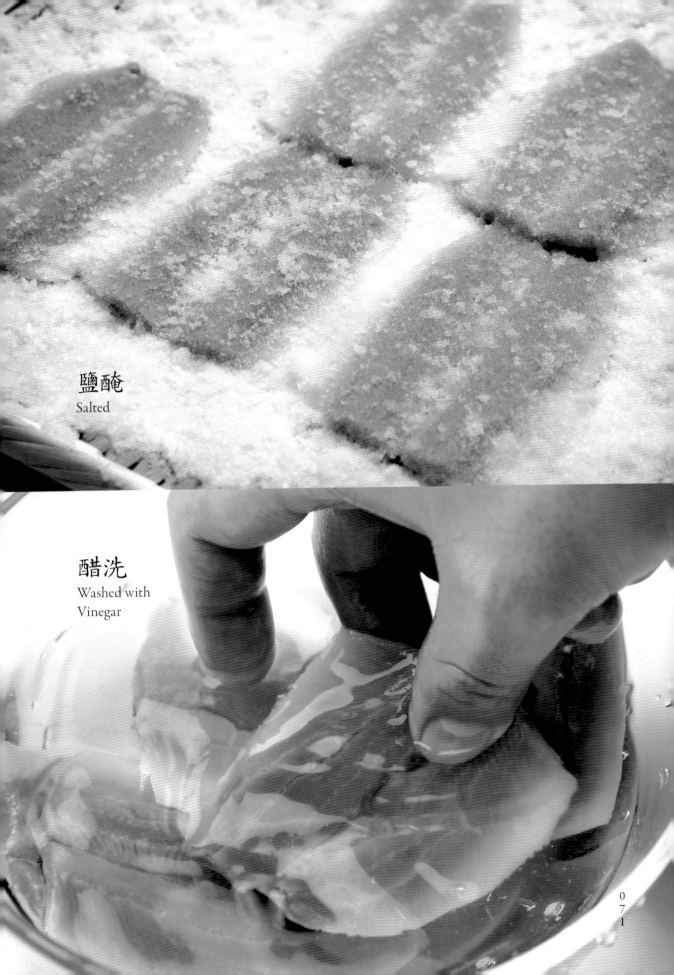

鹽醃
Salted

醋洗
Washed with
Vinegar

使蛋白質收縮 Tightening Junction Protein

魚肉用醋及鹽醃過後其蛋白質的構造會改變，肉質會變硬。蛋白質構造的變化稱為變性，會受到鹽的脫水作用及醋的酸度變化的影響。為了使魚肉緊實，在醋漬前必須先充分用鹽醃過。

Fresh

Marinated with Salt

生 小鰭、鯖魚、竹筴魚等

鹽醃

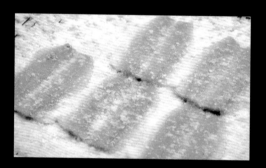

新鮮的魚pH值呈中性稍微偏酸性的狀態。死後僵直時所產生的乳酸會讓pH值持續降低，之後開始解硬時pH值則又會上升回到原本的值。

會用醋漬處理的魚如小鰭、鯖魚、竹筴魚等魚都是鮮度會快速降低的魚種。一旦變得不新鮮，就會產生三甲胺這種臭味成分，也就是魚腥味的主要來源。三甲胺為鹼性，和酸性的醋混合後會轉化成不會臭的成分，因此可抑制臭味。

在魚肉上灑鹽除了調味目的外，真正的目的在於用鹽讓魚肉的蛋白質變性。構成魚肉中蛋白質約50%的肌原纖維蛋白質（請見50頁）具有可溶於2～6%食鹽水的性質。在魚上灑鹽放置一段時間後，魚肉表面附近的水分會因脫水作用而浮出表面。

此時魚肉表面會呈現被高濃度食鹽水所包覆的狀態，魚肉表面的蛋白質會凝膠化，變得像膠狀般柔軟的狀態。不過，若灑了大量鹽後放置過久時間，覆蓋於魚肉表面的食鹽水的濃度就會逐漸增加。當食鹽水濃度到了15%時就無法引起凝膠化現象，但魚肉還是會持續脫水下去，故魚肉會變硬，口感會變得很差。

醋的 pH 值

pH值是表示水溶液呈酸性、中性或鹼性的數值。中性為7。較7為高即為鹼性，較7為低則是酸性。可用石蕊試紙檢測，泡入水溶液後呈紅色則為酸性，變藍則是鹼性。醋的pH值約為3。

酸性<pH7<鹼性

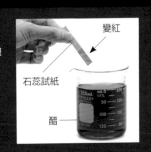

變紅

石蕊試紙

醋

Washed and Marinated with Vinegar

醋洗、醋漬

魚肉可說是「塊狀的蛋白質」，加入酸性的醋後，蛋白質就會變性。

肌肉是很多細胞的集合體，而一部分蛋白質會溶解在細胞中的水裡。新鮮魚肉的pH值約為6，加了醋後pH值會稍微偏向酸性（約pH5），此時肌纖維間的間隙會因酸的影響而變小，魚肉會收縮呈緊實狀態。若酸性繼續增強到pH4以下，此時肌纖維的蛋白質反而會被酸溶解導致魚肉變軟。不過，若是在醋漬前先用鹽醃過，肌纖維就會維持形狀不會被溶解，魚肉會變得緊實。醋漬後的魚會變白也是因為這個緣故。

【為何醋漬需要鹽】

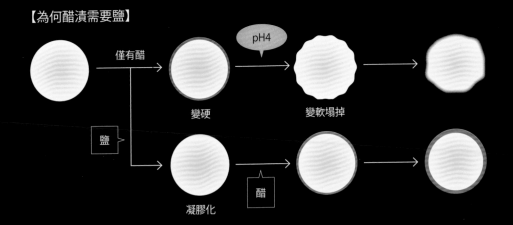

僅有醋　　　pH4

變硬　　　變軟塌掉

鹽

凝膠化　　　醋

青皮魚 AOZAKANA / Blue Fish

指鯖魚及竹筴魚、秋刀魚、沙丁魚等身體帶青色的魚。因為運動量充足，肌肉呈紅色，血合亦很發達，因此若要以白肉和紅肉魚去區分，會被分類在紅肉魚。味道成分ಚ含量高，每種魚都具有獨特的味道和香氣。尤其是當季油脂量豐的青皮魚握壽司特別受歡迎，每年秋天的鯖魚及秋刀魚、夏天的竹筴魚都讓人望穿秋水。青皮魚的鮮度下降得很快，很容易腐壞，以往大多會採醋漬處理，但近來因物流的進步，用生的直接握的比例也增加了。

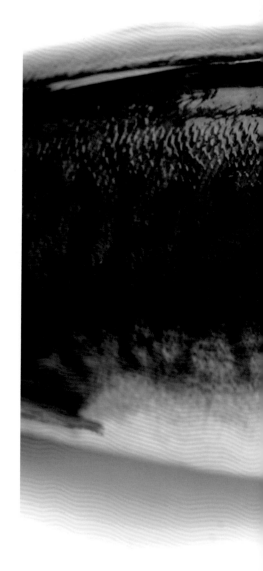

SABA / Mackerel

鯖魚

有花腹鯖[23]及白腹鯖[24]兩種。照片為白腹鯖，若只講鯖魚指的通常是白腹鯖。特徵為帶有「く」字狀花紋。大多會用鹽和醋去醃過後使用，仔細醃過的鯖魚的中心部分會有生生的入口即化的口感，可品嘗到鯖魚獨特的濃烈滋味。有些人吃了鯖魚會起蕁麻疹，這是由鯖魚死後肌肉中所累積的大量組織胺所引起的中毒現象。

[22] 日文為エキス分，即鮮味成分，指魚肉本身含有的，能讓人感到美味的物質成分。為避免和本書後方提到的うま味成分混淆，此處譯為味道成分。

[23] 日本人稱之為芝麻鯖，學名 *Scomber australasicus*，又名花飛、青輝。

[24] 學名 *Scomber japonicus*，又名花飛、青輝。

三枚切 Fillet a fish into Three Pieces

切成上魚身、中骨、下魚身三份後將上魚身和下魚身切成柵塊。分切前要先完
成業界稱「水洗處理」的一連串作業，包括刮除魚鱗、去除內臟並清洗以及切
除頭尾（請見36頁）。

1 分切上魚身。腹側置於靠近自己手邊處、尾部朝左放置，用手輕輕提起上魚身打開魚身，沿著中骨入刀，朝向尾側一路切開。

2 尾側朝右、背側朝靠近自己手邊處放置。自背部的尾側入刀，沿著中骨一路朝著頭部去切。

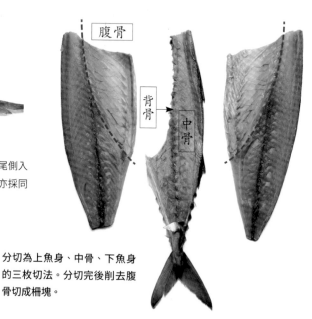

腹骨

背骨

中骨

3 切到頭側後先抽出菜刀，將刃尖改為朝向尾側入刀，一路朝向尾側切下魚肉。另一側的肉亦採同樣處理方式。

分切為上魚身、中骨、下魚身
的三枚切法。分切完後削去腹
骨切成柵塊。

沙丁魚容易腐敗的理由？

壽司的歷史可上溯至很早的江戶時代，相較之下沙丁魚是相當晚近才出現的壽司料。這是因為沙丁魚容易腐敗，在古早的物流條件之下無法直接生食之故。

沙丁魚容易腐敗有以下幾個原因：

首先，沙丁魚很少以單條形式捕獲，通常都是用漁網去大量撈捕。無法像鰹魚或鮪魚那樣一條一條去活締處理，當然也不會經過放血處理。也因此，會如52頁所述，到死前會持續累積壓力消耗ATP，導致死後分解速度會很快，也較容易產生臭味成分。

此外，沙丁魚肉質柔軟容易遭到損傷，而且油脂含量亦多。受到損傷的部分會因附著在魚體表面的細菌的酵素作用等產生魚腥味成分三甲胺，所含有的脂質中的脂肪酸也會酸化，產生分解時特有的臭味。進貨後要立刻浸泡於冰水中，立刻去除內臟進行處理。沙丁魚肉質柔軟，處理時要小心不要弄碎魚肉，並迅速做成壽司料。

【魚腥味的真面目】

細菌、酵素

無臭	臭味成分
氧化三甲胺	三甲胺

＊鹼性
＊遇酸性會轉成不會臭的物質＝除臭し

臭味成分三甲胺（TMA）的來源是無臭的氧化三甲胺（TMAO）。魚會經魚鰓攝取TMAO到體內，死後會因魚體表面附著的微生物及體內的酵素等的作用生成TMA，亦即是俗稱的「魚腥味」。淡水魚當中不含TMAO，因此淡水魚沒有海水魚特有的魚腥味。

殺菌 Microbicidal Effect

魚的水洗處理 Washing

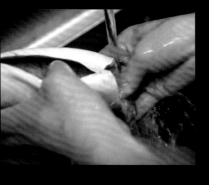

洗魚要用淡水。除了要洗去附著於魚上的血液等髒污以清潔外觀，以及為了方便之後的事前處理等理由外，還有洗去內臟附近及魚的表面黏膜上所含有的大量三甲胺（魚腥味的來源成分，請見77頁）以抑制魚腥味的重要目的。此外，海鮮類造成食物中毒的起因大多是「腸炎弧菌」，此細菌好鹽水環境，在淡水下活性較弱，因此洗魚時不要用鹽水而是要用淡水。

醋的殺菌作用 Microbicidal Effect of Vinegar

人類自古以來便知道醋具有殺菌效果。醋中含有醋酸，醋酸為酸性（pH值約為3）。引起食物中毒的細菌在酸性環境下無法存活，因此淋上酸性物質可殺菌或者抑制細菌的增生。

稀釋後濃度約2.5%的醋針對大部分的細菌具有殺菌效果，若同時使用食鹽效果會更為顯著。這也代表著混合了醋和鹽的壽司醋具有殺菌功能。此外，黴菌類偏好pH5左右的酸性環境，為了抑制黴菌滋生，同時運用醋和食鹽也非常有效。

【加入砂糖和鹽時的醋液殺菌效果】

細菌名	殺菌所需時間（分鐘）—30℃的情況下—			
	醋	混合醋		
		甘醋（醋＋砂糖）	二杯醋（醋＋鹽）	三杯醋（醋＋砂糖＋鹽）
大腸桿菌	30	30	10	10
弗氏檸檬酸桿菌 (Citrobacter freundii)	10	30	5	10
沙門桿菌	10	10	5	10
摩氏摩根氏菌 (Morganella morganii)	10	30	5	10
金黃色葡萄球菌	10	30	10	10
腸炎弧菌	<0.25	<0.25	<0.25	<0.25

本表參考＜關於混合醋的殺菌作用＞《日本食品工業學會誌 Vol.28（7）》（作者：圓谷悅造等, 1981 年）為本所製成

上表為醋（酸度2.5%）分別加入砂糖（10%）、鹽（3.5%）、或同時加入兩者，分別做成甘醋、兩杯醋、三杯醋後，針對表中所列出的造成食物中毒的細菌的殺菌力去檢測所得的結果。數值為殺菌為止所需的時間（分鐘），其值越小代表殺菌力越強。針對造成各種食物中毒的細菌，相較於純醋，醋加入砂糖後的甘醋殺菌力會減弱，但醋加入鹽後的兩杯醋殺菌力則會增強，醋裡同時加入砂糖和鹽的三杯醋的殺菌力則幾乎介於甘醋及兩杯醋的中間值。由此表中可得知壽司飯所使用之醋加鹽的混合醋的殺菌效果很高。

發酵中的鯽魚壽司，使用食材為源五郎鯽或者似五郎鯽。　　　　　　　　　（圖片提供：滋賀縣「鯽魚壽司魚治」）

鯽魚壽司的乳酸發酵
Lactic Acid Fermentation of FUNA-ZUSHI

熟壽司被認為是壽司的原點（請見7頁）。熟壽司的熟就有熟成之意，而日本最出名的熟壽司便屬「鯽魚壽司」了。鯽魚壽司的飯只是用來醃漬的材料，最後僅會食用魚肉部分。原本是為了長期保存魚而創造出的手法，因此熟成期間相當長。

在熟成過程中，魚肌肉的蛋白質會被分解成各種鮮味成分。同時，增生的乳酸菌會開始作用，產生乳酸等有機酸以及酒精等產物。所產生的有機酸會降低pH值，可防止微生物滋生，故利於食品之久存。

在一開始的鹽漬階段會用到鹽分濃度約15％的鹽，可防止肉毒桿菌等食物中毒的發生。肉毒桿菌據說在5％以上食鹽的環境下便無法增生。

腸炎弧菌：引起傳染性腸胃炎的一種病菌。引起食物中毒的食品大多是海鮮或者海鮮加工產品。其中亦有因水或者器具受到汙染等二次汙染所引起的例子。腸炎弧菌好鹽分高的環境，在和海水相同的3％食鹽濃度下的環境最容易滋長，若同時符合營養、溫度等條件，只要8～9分鐘就會分裂並增殖。但在10℃以下的環境不會滋長，也不耐熱，一旦被煮沸便會瞬間死掉。（參考資料：國立感染症研究所官網）

肉毒桿菌：引起食物中毒的細菌，生長於厭氧環境。pH值低於4.6以下便不會生長。米飯經乳酸發酵後pH值會降至4～4.5左右，因此肉毒桿菌無法生長。

糖醃 Tightened with Sugar

撒鹽之所以會讓魚肉變得緊實，是因為魚肉的細胞膜是具有選擇性通透性質的半透膜。選擇性通透指的是可讓水通過但無法讓鹽通過的性質。將鹽撒在魚上後會提升其表面附近細胞外側的鹽分濃度，細胞內側的水分便會透過半透膜被引出至外側，亦即是一般所謂的脫水現象。此時，溶於水中的腥臭成分也會一併隨著水排出，因此可抑制魚的臭味。

此現象不僅可由鹽產生，砂糖也可產生同樣效果。因此，若怕只用鹽醃味道過鹹或者怕魚肉變得太硬，醃漬鯖魚時亦可使用砂糖。或者可在用鹽醃之前先用砂糖醃過，之後再依序用鹽、醋去醃。

科學小常識

僅讓水分通過的半透膜

細胞的內側與外側由半透膜所分隔。半透膜是具有極小開孔的膜，只會讓水分子通過。砂糖或者鮮味成分等分子量較大的成分無法通過。兩邊溶液濃度不同、由半透膜所分隔時，僅水分子會自濃度較低的液體那側朝向濃度較高的那側移動以降低濃度。

【脫水示意圖】

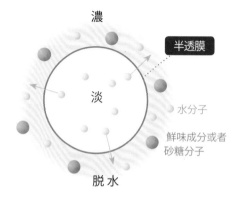

貝類

KAI /
Shellfish

在誕生握壽司的江戶時代，東京灣可捕得的貝類種類相當豐富。
因此貝類在當時就已經以壽司料之姿登上了大舞台。
話雖如此，當時用的並非生的貝類，
而是經煮過或者醋漬等「功夫活」處理後的貝類。
現在很多握壽司會用生的貝類去握，在盛產貝類的寒冷時節至春季時，
食材盒中總可見到排列整齊各色繽紛的貝類。

用於壽司的貝類有象拔蚌、赤貝、日本鳥尾蛤、鮑魚、帆立貝、文蛤、牛角蛤㉕、青柳㉖、九孔、貝柱㉗等。其中鮑魚、文蛤、九孔為「煮物」，要將這些肉質容易變硬的貝類處理成和壽司飯搭配無間的絕妙狀態需要一定的技術。

生食貝類的魅力在於其彈牙的口感搭配上微鹹的海水香氣，此外還有當中所蘊含的濃厚鮮味和貝類獨有的甘甜滋味。豐富的膠原蛋白含量造就了貝類的咬勁，甘胺酸、麩胺酸等胺基酸及琥珀酸等有機酸加上肝糖等物質構成了貝類的味道，而這些「味道成分」的增減會大幅為貝類的鮮度所影響。因此無論是購買帶殼的活貝類或者已經去殼的貝肉都必須要留意鮮度之維持。

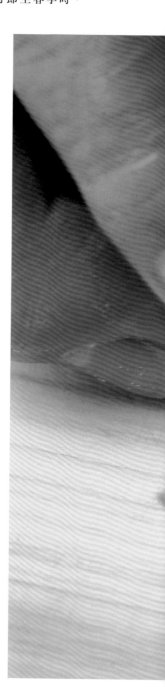

科學小常識

左右口感的膠原蛋白含量

海鮮的硬度和肌肉中的膠原蛋白含量有關。基本上膠原蛋白含量高則吃起來較硬，含量少則較軟。下表為海鮮中所含蛋白質比上膠原蛋白的量。可以生食的海鮮大致都在3%以下，但像章魚或鮑魚的含量則超過8%。膠原蛋白含量高者可以藉由烹煮產生獨特的柔軟口感。

海鮮肌肉的膠原蛋白含量（對上肌肉蛋白質之比率％）

沙丁魚	2	烏賊	2～3
鯛魚	3	章魚	6
鰹魚	2	鮑魚	5～40（根據部位會有所不同）

㉕ 漢字作平貝，牛角江珧蛤，學名 *Atrina pectinata*，俗稱牛角蛤、牛角蚶、江珧蛤、江瑤、玉珧。中國稱為櫛江珧。

㉖ 學名 *Mactra chinensis* 中華馬珂蛤。日文讀作BAKAGAI，而BAKA音同傻瓜。正確來說青柳並非馬珂蛤的俗名，而是指馬珂蛤可食用的軟體部分。

㉗ 日文漢字為小柱，特指中華馬珂蛤的貝柱（閉殼肌）。

處理象拔蚌 Preparing of a Gaper

MIRUGAI / Gaper
象拔蚌

象拔蚌的正式日文名為海松貝（MIRUKUI），MIRUGAI是
市場的叫法。帶有豐富的海潮香氣及強烈的鮮味，貝肉肥厚彈牙，
是相當受歡迎的壽司料。做為壽司料食用的部位是讓海水進出的虹管㉘部分，
虹管相當粗長，有時會露出殼外。露出殼外的虹管因為附著於其上的海藻（名為海松MIRU）而
呈黑色，看起來就好像是象拔蚌在吃㉙海松藻一樣，故名海松貝。產季為天氣開始變涼的秋季到
春季。近年來很難捕獲到象拔蚌，因此成了非常珍貴的壽司料，有時也會用擁有極大虹管部位
的「日本潛泥蛤㉚」代替，但就連日本潛泥蛤的數量也在逐漸減少。

開殼

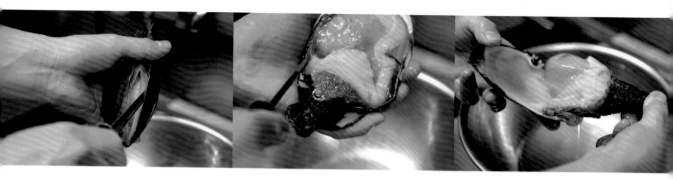

1 用剝殼刀或刀子插入緊閉
的貝殼間，像要挖起貝柱
一樣切入。如此便可立刻
卸下一邊的貝殼。

2 將剝殼刀轉一圈切斷附著
在另一片貝殼上的貝柱。

3 拉著虹管卸下貝肉，用水
仔細清洗。

事前處理

1　象拔蚌可分為虹管及連著貝柱的蚌肉部分。於照片中的位置處下刀，分切成帶有外套膜的虹管部分及其他蚌肉部分。其他蚌肉及貝柱部分不會用來做壽司。

2　虹管上的黑色部分是海藻必須要削掉。自堅硬的口器尖端處切出切口。

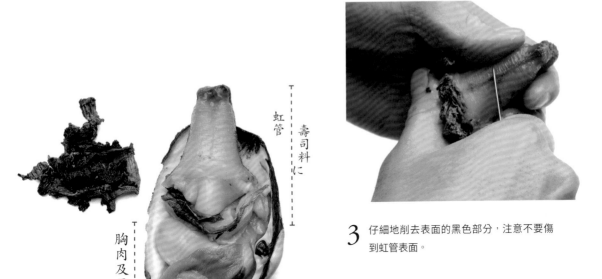

壽司料に

虹管

胸肉及貝柱

3　仔細地削去表面的黑色部分，注意不要傷到虹管表面。

經過清洗及處理過的象拔蚌。削下的黑色部分為海藻。

㉘ 象拔蚌的頸部，中文也有人稱吸管。

㉙ 吃日文中叫KUU，名詞化便是KUI。

㉚ 學名*Panopea japonica*。

處理赤貝 Preparing of an Ark Shell

選擇赤貝時可拿起來搖搖看，選擇裡面感覺飽滿厚實者為佳。一般較常使用帶殼約100～120g大小者。產季為十月至隔年三月左右，過了春天的彼岸㉛後會產卵因此會變瘦。處理時和所有貝類一樣，關鍵在注意不要讓剝殼刀或者刀子傷到貝肉。

㉛ 以春分為中心，加上前後三天共七天期間。

AKAGAI / Ark Shell

赤貝

因其高雅又美麗的朱紅色澤而得名。貝肉肥厚軟嫩，新鮮的赤貝含水量高，一開殼海水的香氣便會撲鼻而來。握之前先將貝肉劃刀拍過，新鮮的赤貝肌肉被拍過後會收縮使劃刀切口綻開，外觀看起來更加氣派。貝肉旁的外套膜可做成握壽司或者赤貝黃瓜卷等壽司卷。

開殼

1 將赤貝殼頂朝上拿好，用剝殼刀或者刀子自殼頂插入，用力轉動刀具分離殼頂。

2 沿著貝殼邊緣移動剝殼刀，卸下貝柱。取下一邊的貝殼。

3 用同樣方法卸下另一邊的貝柱，取出貝肉。

事前處理

1 　用手捏起剝好貝肉的隆起處提起貝肉，插入菜刀。

2 　沿著外套膜滑動菜刀去切，分離貝肉與外套膜。

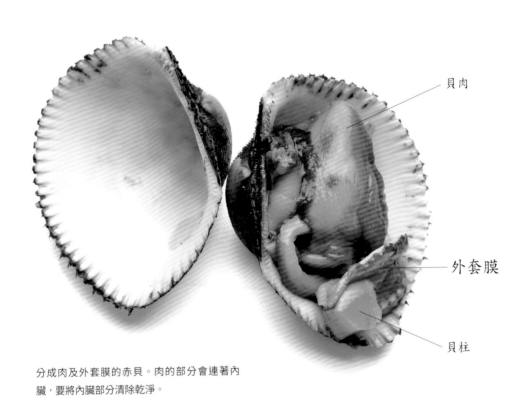

貝肉

外套膜

貝柱

分成肉及外套膜的赤貝。肉的部分會連著內臟，要將內臟部分清除乾淨。

切開貝肉

1 橫倒菜刀，自貝肉正中央入刀去切，不要完全切斷，將貝肉打開。

2 削去上面連著的內臟部分。

3 切去突出的部分、修整形狀。

4 用水清洗後用刀顎劃出切口。

貝柱的水洗處理
Washing Adductor in Round Clam

清洗貝類時有時不會用淡水而是用鹽水。此時用的鹽水濃度為3～4%，約和海水的鹽分濃度相當，稱為立鹽。

貝類含有約0.8%的鹽分。生魚的鹽分差不多只有0.2%，用淡水清洗味道也不太會變得水水的。但若用淡水去清洗貝類，貝類表面的鹽分會流失水會滲入其中。若用鹽水清洗則可防止貝類的味道變得太水。

立鹽不僅可用來清洗貝類，也可用於切片後魚的調味。用立鹽去調味可防止魚肉因脫水而收縮，也可使鹹味均勻分布於整體魚片。

SHIO / Salt

鹽

主要成分為氯化鈉，化學式寫作NaCl，是由納離子Na+與氯離子Cl-結合而成的結晶。純度高者因離子間無論哪個方向的結合力皆相等，會形成漂亮工整的正六面體結晶。但實際上壽司店所使用的鹽包括各式各樣運用不同原料及製法所製成的鹽。不同壽司店會依據各自的偏好而選用不同的鹽，詳細請見124頁。

純淨的氯化鈉晶體構造為漂亮的正六面體。
（照片提供：公益財團法人鹽事業中心）

烏賊

IKA / Squid

軟絲[32]、墨魚[33]、透抽[34]、魷魚[35]、
螢烏賊[36]……
一年四季裡
各種烏賊壽司料會輪番登場。
直到昭和初期
烏賊都還會先煮過或燙過，
近來也會使用生的烏賊直接握。

雖然統稱為烏賊，但隨著季節不同種類也不
一樣，是能讓人感受到四季更迭的壽司料。
軟絲被稱為春天到夏天的烏賊之王。因在
水中游水時身姿如水般通透，又稱為「水烏
賊」。軟絲肉厚且帶有濃烈的鮮味，經熟成
可充分發揮出其美味。

進入秋冬季則是墨魚的產季，而被稱為新烏
賊（小烏賊）的烏賊幼體在這之前的八月就
會率先登場。用一條新烏賊捏成一貫壽司稱
為「丸付」，擁有半透明的色澤以及唯有運
用整條烏賊才營造得出的造形美，同時還有
著夢幻的細膩柔軟度。然而墨魚鮮度維持不
易，每年可吃到新烏賊的時期非常短暫，老
饕們每年都會引頸期盼。

烏賊的營養價值亦十分受到矚目，烏賊含有
豐富的牛磺酸，是一種被認為具消除疲勞等
功效的胺基酸（請見100頁）。

---

[32] 日文漢字作障泥烏賊，學名 *Sepioteuthis lessoniana*，又
　　名軟翅仔、萊氏擬烏賊，軟絲仔。

[33] 真烏賊，學名 *Sepia esculenta*，即花枝。

[34] 真鎖管，學名 *Uroteuthis edulis*，又名透抽、小卷（幼
　　體）、中卷（亞成體）。

[35] 北魷，學名 *Todarodes pacificus*，或稱日本魷。中國稱為
　　太平洋摺柔魚。

[36] 螢火魷。學名 *Watasenia scintillans*，又名螢魷。

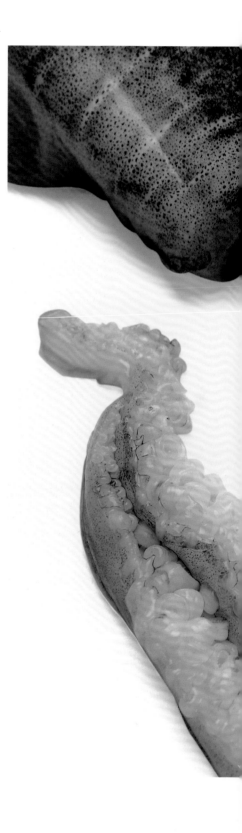

分切墨魚 Dressing Golden Cuttlefish

墨魚有四層皮，每層皮都是由膠原蛋白構成。特別是與肉相連的最內層（第四層），其膠原蛋白纖維紮根於肉裡包覆著烏賊。若遇到難以剝除的烏賊皮，雖然壽司店不太使用這種方法，但只要將外皮浸泡於熱水中1～2秒，膠原蛋白遇熱便會收縮，皮會較好去除。

烏賊的魅力在於厚實的肉質以及柔韌的咬勁，還有其濃烈的甘甜。處理時要小心不要損傷到肉，取出硬殼後要迅速分切。摘出墨囊時要小心不要把它壓破。

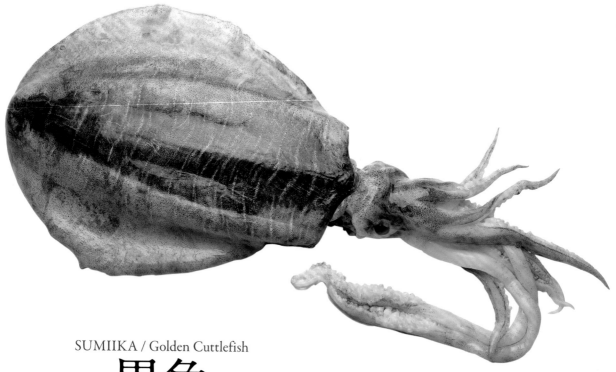

SUMIIKA / Golden Cuttlefish

墨魚

壽司店講烏賊第一個就會想到墨魚。幼體也可食用，叫「新烏賊」或「小烏賊」。因為有殼亦被稱為「甲烏賊」。在日本，無論墨魚、軟絲或長槍烏賊㊲都統稱為烏賊，但英文中體型短且殼硬者為「cuttlefish」，而體型長且殼軟者則是「squid」，軟絲和魷魚即屬於後者。

科學小常識

烏賊的甜味來自胺基酸

不同種的烏賊吃起來味道亦不相同，但烏賊所擁有的獨特甘甜滋味是由於烏賊含有很多甘胺酸和丙胺酸等具有甜味及鮮味的胺基酸而來。此外，魚肉中的鮮味成分來自肌苷酸，而烏賊的鮮味則是因為含有很多AMP這種鮮味相關成分，AMP為分解成肌苷酸之前所產生之成分，也因此魚和烏賊的鮮味吃起來的感覺並不相同。

㊲ 學名*Loligo bleekeri*。

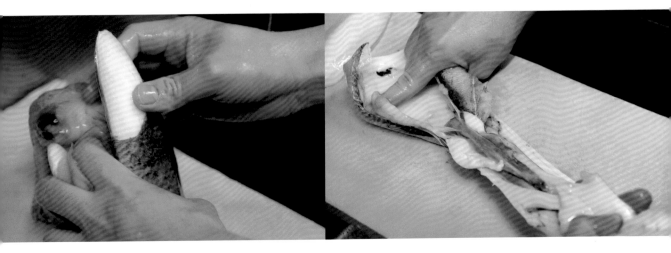

1 於帶殼的胴體中心入刀，自頭側尖端到眼睛處劃出切口。再將硬殼擠出。

2 仔細剝去包覆著硬殼的外皮和胴體，拉出腳的部分。

3 抓住切口處前端已經分離的部分，朝下方拉撕除薄皮。接著去除包覆在胴體外側的外皮部分，先抓住前端及肉鰭，再和外皮下方的薄皮一起拉下剝除。取出墨囊，注意不要弄破，並去除內臟。

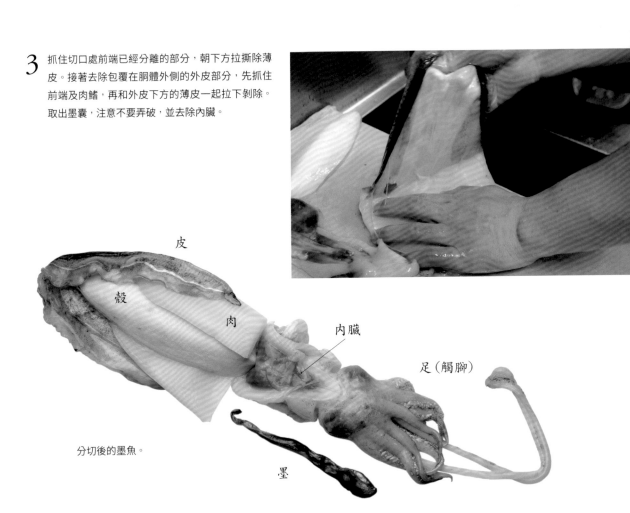

皮

殼

肉

內臟

足（觸腳）

分切後的墨魚。

墨

章魚

TAKO / Octopus

在日本可食用的章魚種類繁多，其中做為壽司食材最常見的有真章魚❸、北太平洋巨型章魚❸及短爪章魚❹。真章魚產季為秋至冬季，北太平洋巨型章魚為秋至春季，短爪章魚則是冬至春季。因搓揉以及加熱方法的差別，可做出不同特色的硬度及滋味，故每間店皆下足了功夫。

壽司店講章魚絕大多數指的就是真章魚。新鮮的章魚呈灰白色帶有斑點，吸盤也很有彈力，一摸就可感受到吸力。反之則代表鮮度不佳。若將鮮度不好的章魚做成煮章魚，皮很容易剝落，立刻就可看出。

章魚中有一種叫牛磺酸的胺基酸含量甚豐。牛磺酸被認為具有促進肝功能、消炎作用、預防動脈硬化等各式各樣可促進健康的功效。也因此，俗話中甚至有「賣章魚的不會得肺病」一說。

章魚的事前處理若做得不好，肉質可能會硬到咬不斷。因此要事先充分搓揉或者拍打過，將章魚的肌肉組織破壞掉及筋纖維打散後加熱才可得到柔軟的口感。

❸ 即一般所稱之章魚，學名*Octopus vulgaris*。

❸ 日文可直譯為水章魚。正式中文學名為北太平洋巨型章魚。學名*Enteroctopus dofleini*。

❹ 學名*Octopus ocellatus*。

煮章魚

一般採用「櫻煮」，亦即加醬油、砂糖、酒去煮的方法。也有店家會將焙茶茶葉加入酒及水煮成高湯做成煮汁。

「壽司高橋」的煮章魚是以「味醂1：醬油1：砂糖2～3：日本酒3：水3」的比例將煮汁倒入雪平鍋中煮沸，再加入用鹽搓揉後水洗過的章魚腳去煮。停火後蓋上兩層鋁箔紙，再將整個鍋子移入蒸具當中，用極小火加熱蒸具60分鐘。如此可讓蛋白質變軟，同時也可讓煮好的章魚皮維持漂亮的外觀不會翻起來。煮好後整鍋置於常溫中，並且要在煮完的當天用完。

烏賊與章魚的肌肉 Muscles of a Squid and an Octopus

被當作壽司料使用的魚貝類可大致分成有脊椎骨的脊椎動物以及沒有脊椎骨的無脊椎動物兩類。脊椎動物包括鯛魚、鱸魚、鮪魚等魚類，無脊椎動物包括章魚和烏賊、蛤蜊等軟體動物以及蝦子、螃蟹等節肢動物。脊椎動物的骨骼在體內（內骨骼），由許多骨頭連結起來支撐著身體，骨頭上會連著肌肉，脊椎動物便是利用此肌肉來活動。

另一方面無脊椎動物的骨骼在體外（外骨骼），是利用外骨骼內側的肌肉去活動骨骼，肌肉呈可自由活動的構造。

烏賊及章魚所特有，魚肉裡吃不到的獨特口感便是受到這種骨骼及肌肉構造差異的影響而產生。

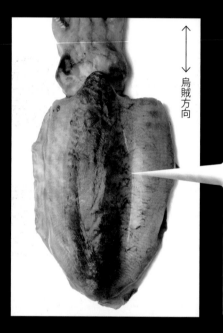

烏賊方向

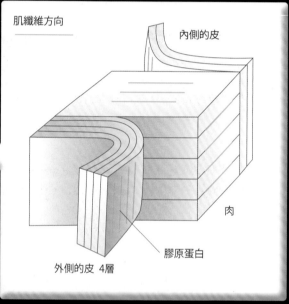

肌纖維方向

內側的皮

肉

膠原蛋白

外側的皮 4層

烏賊

● 烏賊肉的肌纖維和烏賊身體方向呈垂直方向，亦即呈平行輪切排列的形狀。

● 外面兩層的皮可輕易剝去，但其下兩層皮則和肉緊密相連，相當不易剝除。

● 外側第一層及其下的第二層間有色素細胞，因此一旦剝除外面兩層皮，加熱後的肉便會呈白色。

● 烏賊的含水量約為80%左右，較其他魚類多了約10%。也因此加熱出水後肉會變得較硬。

煮烏賊

烏賊外皮的膠原蛋白在加熱到超過55℃左右便會縮起。為了讓烏賊肉變得柔軟，有「加熱至肉的內部溫度達66℃左右後停止」的短時間加熱，以及「用超過80℃的高溫加熱10分鐘以上破壞肉的組織，同時使膠原蛋白凝膠化」的長時間加熱兩種加熱方法。

章魚

● 肌纖維無既定方向，朝各種不同方向延展的肌肉複雜地互相纏繞在一起。

● 也可將生章魚冷凍，利用冷凍去破壞肉的細胞及組織構造使肉質變得柔軟。

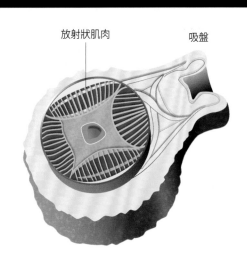

放射狀肌肉　　　　吸盤

章魚的顏色

章魚含有眼色素（Ommochrome），該色素有紅色、黃色、褐色、黑色各種色彩。眼色素存在於一種叫色素細胞的細胞當中，章魚便是透過肌肉收縮控制色素細胞的伸縮去改變色彩。章魚能夠根據周遭環境迅速變色正是靠著這個機制。章魚煮過後變紅是因為肌肉的蛋白質遇熱變性，導致色素細胞的形狀改變的緣故。

蝦

江戶自古以來便有的握壽司。

原本用的是水煮過的蝦，最近生食的蝦也變得相當受歡迎。

鮮豔的色彩及甜味，撲鼻而來的濃郁香氣使蝦子人氣不墜。

EBI / Shrimp

日本可捕獲到很多種蝦子，其中用於壽司料的以明蝦①、牡丹蝦②、甜蝦③最受歡迎。白丁④或者沙蝦⑤等蝦雖然也可做成握壽司，但外觀最華麗的當屬明蝦了。煮過後的明蝦紅白對比分明、十分美麗，其魅力是帶有濃郁的甘甜鮮味。在胺基酸當中，甘胺酸特別能讓人感受到「濃烈的甜味」，而明蝦中就富含甘胺酸。不過若蝦子煮太久，這股珍貴的甜味便會流失到煮汁中。將明蝦快速用沸騰的熱水燙過（湯引法），讓蝦肉維持半生熟的狀態，不僅可將味道成分鎖在蝦肉中，也可使蝦肉保持恰到好處的柔軟彈性。明蝦隨著成長階段不同有著不同的稱呼，小的明蝦被稱為才卷蝦（才卷SAIMAKI）。

①　日本對蝦。學名 *Penaeus japonicus*。又名斑節蝦、雷公蝦、雷公蝦。

②　富山蝦。學名 *Pandalus hypsinotus*，又稱富山甘甜蝦。

③　日本正式名稱之漢字寫作北國赤海老。學名 *Pandalus eous*。

④　日本玻璃蝦。學名 *Pasiphaea japonica*，俗稱白丁或白丁仔。

⑤　芝蝦，學名 *Metapenaeus joyneri*，又稱砂蝦、青蝦。

科 學 小 常 識

煮後變紅的原理

蝦子有像牡丹蝦及甜蝦等呈紅色的蝦以及像沙蝦及明蝦這種偏黑的蝦。其顏色差異來自於所棲息的水深之別。棲息於較淺處的蝦子顏色較黑，棲息於較深處的蝦子則會變紅。

此紅色的來源為一種叫蝦紅素的物質，蝦紅素和使紅蘿蔔及番茄等蔬菜呈黃、紅、橘色的類胡蘿蔔素屬於同一家族，是一種天然色素。外觀看起來偏黑的蝦亦含有蝦紅素。生的時候由於蝦紅素和蛋白質結合故呈現偏黑的青藍色而非紅色。但經過加熱後蛋白質會遇熱變性、和蝦紅素分離，便會顯現出原本的紅色。

【外殼顏色】

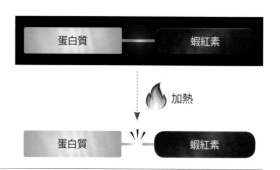

明蝦
棲息於水深約100m處

甜蝦、牡丹蝦
棲息於水深約300～500m處

| 蛋白質 | 蝦紅素 |

加熱

| 蛋白質 | 蝦紅素 |

KURUMAEBI /Prawn
明蝦

基本上賣的都是活體。無論生的或者煮過都可握成壽司。市面上有很多養殖品，但野生明蝦也不少，煮後會浮現鮮豔的條紋。

AMAEBI /
Sweet Shrimp
甜蝦

口感甘甜、入口即化，十分受歡迎。雖然甘胺酸含量較其他蝦子來得少，但吃起來感覺卻很甜。這是由於蛋白質溶化時所帶來黏稠口感所導致。因為黏稠，所以可在舌頭上持續感受到甘甜的滋味。加熱後蛋白質遇熱凝固、會失去黏稠的質地，便不容易嘗到甜味。因此甜蝦可說是一種必須生食的蝦。

BOTANEBI / Spot Rraum
牡丹蝦

一如其名，是如牡丹花般華麗的蝦子，口感綿密濕潤並帶有高雅的甘甜。為高級生食握壽司料之一。

蝦蛄

蝦蛄為江戶前壽司代表性的壽司料之一。雖然市面上亦可買到生蝦蛄，但大多會在產地捕獲後立刻用鹽水煮過去殼再送至壽司店。
之後再用傳承下來的技術將蝦蛄用煮汁「浸漬入味」，搭配壽司飯食用。
產季雖有春秋兩季，但又以春天抱卵的蝦蛄「鰹節」（**KATSUBUSHI**）最為珍貴。

蝦蛄和蝦子長得很像，卻不是蝦子。不新鮮的蝦蛄殼很難剝，剝殼也需要一定技術，因此市面上流通的幾乎都是在產地就加工好的「剝殼蝦蛄」。若買到生蝦蛄，要用剪刀來去除硬殼。蝦蛄最知名的品牌就是「小柴」。神奈川縣的小柴所捕獲的蝦蛄因煮法美味相當知名，被稱為「小柴蝦蛄」有著超高人氣。

握好後會塗上醬汁（NITSUME）（133頁）。

SHAKO /
Mantis Shrimp

蝦蛄

外型長得有點奇形怪狀。顏色為淡灰白色，煮過後會變成紫色。有些地方稱蝦蛄為GASAEBI。

1　　2　　3

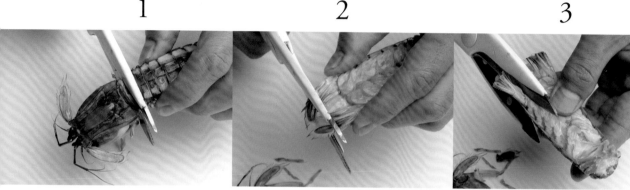

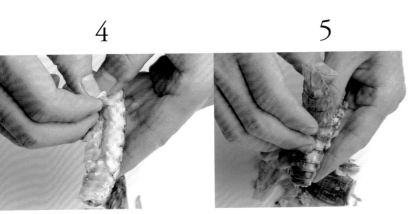

4

5

（1）用剪刀剪去頭部。
（2）翻面剪去尾部尖端。
（3）如照片所示，剪去蝦
蛄左右兩側。（4）剝去腹
側的薄殼。（5）剝去背側
的殼。

星鰻

能展現煮物功夫的代表性壽司料。
星鰻要趁新鮮時迅速解體，立刻去煮。
剛煮好的星鰻風味豐富、口感鬆軟，
立刻握成握壽司食用相當美味，
但就算放置一段時間亦不會變硬，也是很適合做成
木盒便當的菜色。

ANAGO /
Conger Eel

星鰻

鰻魚和星鰻雖然很像，但不僅生物學上
的分類不同──分屬鰻鱺科和糯鰻科，
其生態、外觀，想當然爾味道亦大不相
同。星鰻是終其一生都在海中生活的海
水魚，而鰻魚卻是產卵後會洄游到河川
及湖泊的魚種。

將油脂含量豐富、肉質厚實的星鰻用醬油和砂糖混合後的煮汁煮成煮星鰻，其魅力為口感綿軟，入口即化。特別是以東京灣羽田近海為中心所捕獲的星鰻被稱為「江戶前星鰻」，產自七月中旬至九月上旬間者為高級品。

星鰻要趁活締後還未開始死後僵直時解體完，再放入大量的煮汁中去煮（請見112頁）。有很多壽司師傅認為星鰻要活締後立刻煮最好吃。大多數的店家會在專賣店購買當場活締的星鰻，甚至有很多師傅會在買回後第一個先處理星鰻。

星鰻一年四季都吃得到，客人也一年四季都會想吃星鰻。若為當季的星鰻或高級品則脂肪含量甚豐，很容易煮出鬆軟的成品，但因季節或產地不同，脂肪含量及肉質緊實度亦會有所差異。

在「壽司高橋」，初春時節脂肪較少、肉質柔軟的星鰻會在握之前重新煮一次溫過，讓星鰻呈鬆軟的狀態下去握。秋天到冬天時的星鰻油脂較豐，在握之前會炙燒一下增添焦香後再去握。煮完星鰻的煮汁也會用來製作醬汁（NITSUME）。從解體、煮一直到製作醬汁（NITSUME）的各項步驟皆輕忽不得，星鰻可說是必須慎重以對的壽司料。

解體

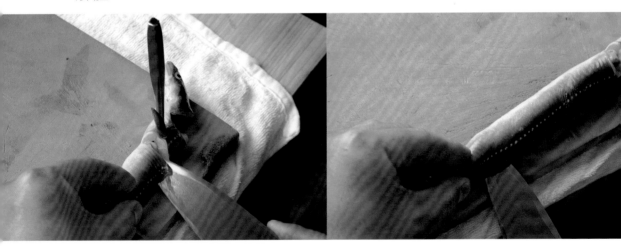

1　將星鰻背側朝靠自己手邊處放置*，於眼睛和魚鰓之間打入錐子。自魚鰓旁入刀朝頭側斜斜切入。切下後轉動菜刀好像要挖起魚肉一樣將刀刃朝向尾側。

*「背開法」為關東作法，關西相反採「腹開法」。

2　沿著中骨繼續切，要注意控制菜刀的角度，小心不要切斷魚骨。

3 切至中央時將左手大拇指壓在刀上，拉動刀刃繼續切開。切至肛門附近時一口氣拉動菜刀。

4 切至尾部時，將菜刀重新插入頭側，用刀尖輕輕打開魚肉。用菜刀尖端⑯沿著中骨旁切入，拉動菜刀將魚肉完全打開。

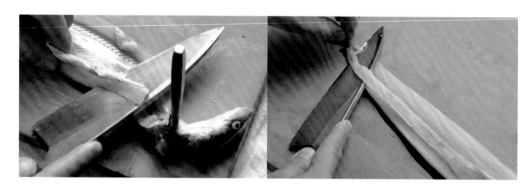

5 用菜刀切斷內臟和肉連接的部分，用手拉掉內臟。切斷頭側的中骨根部。

6 打橫菜刀自中骨下方入刀，僅切除中骨。

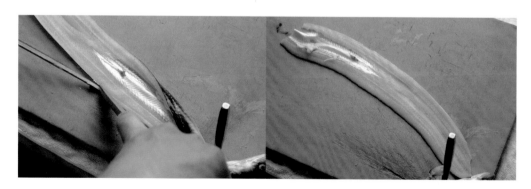

7 切除背鰭。

8 刮除血合與表面的黏液後切下魚頭。反覆搓洗去黏液。水洗後將帶皮側朝上瀝乾水分。

煮

將18公升的水倒入鍋中，再加入味醂180g、醬油180g、砂糖500g，開火煮滾後放入星鰻、撈去雜質。蓋上落下蓋㊼，用文火慢慢煮25〜30分鐘再放置一段時間後用篩網撈起瀝乾水分。

星鰻的顏色

大多數的糯鰻類棲息於沿岸到內灣水深100m以內的淺水處，白天會隱身於岩石等陰影處，或鑽入砂石或泥土中藏起來。到了夜晚，星鰻會開始活動，開始到處游泳找尋餌食。鰻魚的鱗片是因為埋在皮膚當中看不太出來，但星鰻本身就不具任何魚鱗，表面十分滑溜。如許多棲息於淺水處的魚類一樣，身體的顏色呈不顯眼的深色系。雖說都是「深色」，但因著棲地不同，會呈現偏黑、偏褐色等各種不同色調。用於壽司料的星鰻，體表顏色不一而足，但特徵是皆帶有白色斑點。這個白色的斑點稱為側線，是魚類用來感知水中水壓及水流變化的器官的開孔，因為開孔很大故看起來像白色的斑點。

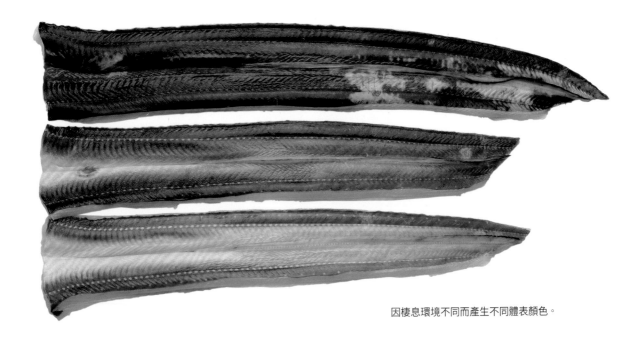

因棲息環境不同而產生不同體表顏色。

㊻ 譯註：此時採逆刃握法。

㊼ 指製作煮物等料理時直接壓上鍋中食材的鍋蓋。可避免食材浮起，讓煮汁能滲透到全體食材當中。主要為木製的鍋蓋。

煮物功夫 Boil and Marinate

壽司店講的「煮物功夫」、「煮物」如其名示，指的是用煮汁去烹調的手法。以往煮完的煮汁一定會煮成醬汁（NITSUME），但最近有很多店亦會採用「鹽煮」。除了星鰻外，章魚、蝦蛄、文蛤、鮑魚等皆為此類壽司料之代表。以往還會煮烏賊和帆立貝，但近來多數店家會用生的直接去握。

煮汁主要使用味醂、醬油和砂糖。每家店會配合食材調整比例、烹煮時間以及烹調時機，因此會創造出各店獨特的味道。

煮星鰻

星鰻在煮之前要去除黏液。若用水或鹽會讓魚肉變硬，因此僅先將星鰻放入碗中搓揉，直到黏滑的部分被搓成有點氣泡狀後再稍微用水沖一下。

星鰻的煮法可分成用大火快速煮一下的「澤煮」以及用小火慢慢煮25～30分鐘後、再浸泡於醃漬醬汁中浸泡的「浸泡入味」這兩種方法。

「澤煮」通常用於長約15～20cm的小星鰻（MESO）。用水去除星鰻黏液，將調味液倒入鍋中煮至沸騰後再放入星鰻加熱表面，翻面加熱背面後用篩網撈起放涼。煮好後顏色偏白。

「浸泡入味」則會用於體型較大、約40～50cm的星鰻。將星鰻放入沸騰的煮汁當中，用小火煮約25～30分鐘後將星鰻泡在煮汁中放涼使滲透入味。

煮文蛤

以日本酒2：味醂1：水3：砂糖1.5：醬油1的比例倒入鍋中，直接於冷卻狀態下放入文蛤。加熱時要維持在60℃左右以避免肉質變硬。

科學小常識

調味料的滲透及星鰻的柔軟度

海鮮的肉為細胞的集合體，因此調味料的滲透要先加熱破壞掉細胞後才會開始。若細胞膜維持著和活的時候一樣的狀態，則調味料無法滲入其中。

星鰻的鬆軟感是運用低於星鰻膠原蛋白遇熱收縮的溫度去加熱才產生的。畜肉的話約65℃便會開始收縮，而已知魚肉開始收縮的溫度比肉還要更低。「壽司高橋」會將星鰻放入沸騰的煮汁中短時間加熱表面後用篩網撈起放涼。剛起鍋的星鰻表面溫度約接近100℃，在放涼過程中熱會自表面傳導至內部。由於中心溫度不會超過膠原蛋白的收縮溫度，因此可做出肉質柔軟的成品。

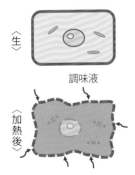

〈生〉

調味液

〈加熱後〉

海膽

UNI /
Sea Urchin

黑色的海苔映襯著閃亮金黃色的海膽軍艦卷
是極受歡迎的壽司之一。
綿密的口感、自舌尖擴散的甘甜以及馥郁的海潮香氣
和海膽的品質成正比。

海膽是較新出現的壽司料，產季為四月至八月。海膽幾乎在日本全國沿岸皆可找到，種類非常繁多。壽司料常用的有「紫海膽⑯」、「馬糞海膽⑰」、「北紫海膽⑱」及「紅海膽㉛」等。排列於薄薄的木盒中自產地運送到各地後就可直接使用。在市場依照海膽顏色將馬糞海膽稱為「AKA」（紅），北紫海膽稱為「SHIRO」（白）。

海膽

去殼後販賣的是海膽殼內側五瓣生殖腺（精巢、卵巢）的部分。除了海膽本身有種類之別，因海膽以昆布等海藻為餌食為生，不同棲地所生長的海藻也不會相同，這亦會造成滋味、香氣、顏色等的變化。

紫海膽

馬糞海膽

下方為馬糞海膽。因形似馬糞而得名。有著銳利棘刺的黑色
海膽則是紫海膽。

（圖片提供：PHOTOWORKS FREAK 有限公司／IMAGENAVI）

---

⑯ 學名*Heliocidaris crassispina*，又名細刺海膽。

⑰ 學名*Hemicentrotus pulcherrimus*。

⑱ 日文為エゾムラサキウニ，別名キタムラサキウニ。學名*Strongylocentrotus nudus*，棲息於北海道、東北海域和庫頁島附近。和紫海膽比起來棘刺較長鮮味較濃。

㉛ 赤海膽，學名*Pseudocentrotus Depressus*。

紫海膽

明礬與海膽 Alum & Sea Urchin

新鮮的海膽肉質紮實富含香氣，一旦鮮度變差則會變得容易散掉且水水的。為了不讓肉質鬆弛，大多數的海膽都會用明礬處理過。這是由於明礬的成分具有讓蛋白質凝固的作用之故。海膽細胞由蛋白質所構成，經明礬處理後細胞會收縮緊實，可防止變形。處理後的海膽被稱為「生海膽」或「板海膽」。

最近可看到許多和滅菌海水或將食鹽溶入水中做成的人工海水一起裝入杯狀容器的「鹽海膽」在市面上流通，但相較於用明礬處理過的海膽，鹽海膽的保存期限較短，流通期間海水也會變濁，因此在處理後必須盡早用掉。

【不同顏色的海膽】

馬糞海膽

紫海膽

顏色因季節、產地、
個體會有所差異。

［第3章］

事前處理Ⅱ
壽司飯　其他

Preparing Ⅱ

The Science of
SUSHI

米

KOME/Rice

很多師傅眾口一致同意「醋飯六成料四成」。這句話的意思是就算用了最棒的壽司料，若壽司飯不好吃，壽司也不會好吃的。理想的壽司飯拿起來不會散掉，放入口中後要能鬆軟散開。

所謂的壽司，要在壽司飯放上魚的切片才算完成，這點毋需多言，也因此壽司飯的味道和口感會大大影響壽司的美味程度。為了完美搭配壽司料，必須注意每個環節，從米的選擇、煮米、醋及鹽，視情況有時還需要加糖去調味。

不過，若壽司飯味道太重，就會搶走魚料的風味。在製作壽司飯時，必須考慮到壽司飯和壽司料的互相搭配，目標是做出讓兩者渾然一體的「壽司」，完成單壽司飯或單壽司料無法達成的境界。

當然，壽司飯除了味道外，口感也十分重要。壽司飯必須軟硬適中，而且咬下去時不會和壽司料分離，因此如何去掌握米剛煮好時的狀態以及米飯吸收混合醋的程度亦十分關鍵。據說以前甚至還有「醋飯師傅」這種專門煮飯的匠人。由此便可一窺要煮出穩定品質的米飯是多麼困難的工程，以及壽司飯在壽司當中是何等受到重視。

米的知識 Knowledge of Rice

米的種類

米可分成「粳米」及「糯米」兩種，一般我們食用的米飯是「粳米」。在日本已登錄的900種品種※當中，約有高達290種做為米飯食用而廣為栽培的米。若用栽培面積計算，其中約35%為「越光米」（KOSHIHIKARI），其後依序為「一見鍾情」（HITOMEBORE）、「日之光」（HINOHIKARI）、「秋田小町」（AKITAKOMACHI）、「七星米」（NANATSUBOSHI）、「輝映米」（HAENUKI）、「絹光米」（KINUHIKARI）、「勇往直前」（MASSHIGURA）、「朝日之夢」（ASAHINOYUME）、「夢之美米」（YUMEPIRIKA），由於林林總總約有290種，壽司師傅會依自己的需求去選擇米的品種，有時甚至會混合複數品種的米使用。較常聽到用於壽司飯的品種有「越光米」、「一見鍾情」、「秋田小町」、「Silky Pearl」、「Milky Queen」。每種米的支鏈澱粉（Amylopectin）以及直鏈澱粉（Amylose）（請見120頁）的含量以及蛋白質含

適合做壽司飯的米

◎小粒且形狀圓潤，大小均一者
◎色白且具透明感及光澤者
◎有重量感
◎經充分乾燥者

量均有所不同，每種米的黏性及硬度等特徵亦各自相異。

「越光米」、「一見鍾情」、及「秋田小町」等品種的直鏈澱粉含量約在17～18%上下，而「Silky Pearl」、「Milky Queen」等品種則座落於4～11%上下，被稱為低直鏈澱粉米。低直鏈澱粉米的直鏈澱粉含量低，但相對地支鏈澱粉含量較高，因此黏性較強。

除此之外，越光米還有另一個受到歡迎的理由，就是因為其「冷了也好吃」的特色。

直鏈澱粉含量（%）=米的澱粉當中直鏈澱粉所佔之比例

新米與舊米

「新米」的定義有兩種，一是收穫當年11月1日到隔年10月31之間的米（以收穫年來訂立的米穀年度為基準），另一定義是截至收穫當年的12月31日為止精米及裝袋的米（以食品表示法為基準）。

我們常聽到「舊米比新米適合做壽司」的意見。這是因為舊米煮後會粒粒分明，相對地，新米黏性較強、較難做出壽司獨特的口感。

但這裡所講的舊米並非放置多年的舊米，大多指的是前一年的米。

有些店家僅使用舊米，也有店家會混合新舊米後使用，各家職人都會在煮飯的方式、醋的混合方式等上費盡心思，摸索出各式各樣的手法，以完成自己理想中的壽司飯。一般來說，舊米較新米硬，且吸水率較新米低約2～3%。

⚪ 直鏈澱粉（Amylose）與支鏈澱粉（Amylopectin）⋯⋯

白米中約含有78%的碳水化合物（醣類及膳食纖維合起來的總稱），其中大部分都是澱粉。澱粉是串成像念珠狀的葡萄糖，根據其結合方式不同可分成「直鏈澱粉」及「支鏈澱粉」兩種。

葡萄糖呈線性結合而成的澱粉稱為「直鏈澱粉」，而結構呈許多分支狀的則是「支鏈澱粉」。支鏈澱粉的分支部分在水中會纏繞在一起，因此其特徵為可產生較強的黏性。

直鏈澱粉占全部澱粉量之比例稱「直鏈澱粉含量」。煮熟的米飯黏性及彈力和直鏈澱粉含量有很高的關聯性。直鏈澱粉含量較高約17～27%的秈稻品種其支鏈澱粉含量也較少，因此幾乎沒有黏性，煮起來口感鬆散。直鏈澱粉含量中等約16～18%的米（粳稻品種）黏性適中。直鏈澱粉含量為0%，澱粉含量全為支鏈澱粉的米為「糯米」，黏性相當強。

近來市面上可以找到許多將直鏈澱粉含量壓在4～11%間的「低直鏈澱粉米」。

直鏈澱粉

支鏈澱粉

會產生黏性

⚪ 糊化（α化）⋯⋯⋯⋯⋯⋯⋯⋯⋯⋯⋯⋯⋯⋯⋯⋯⋯⋯⋯

「糊化」是澱粉會產生的代表性變化。澱粉就算和冷水或常溫水混合也不會溶化，但一旦開火加熱就會開始溶化呈透明狀且產生黏性變成漿糊狀，故稱糊化。糊化前的澱粉叫做β澱粉，糊化後的澱粉是α澱粉，因此糊化也被稱為α化。

米的澱粉為葡萄糖呈線性結合的直鏈澱粉以及葡萄糖呈分支結構狀的支鏈澱粉的集合體，其集合體的構造十分緊密，水分子無法嵌入集合體。但一旦加熱至60～65℃，其構造會變得鬆散，水分子便得以進入其間隙當中，這即是黏性的成因。若將糊化的澱粉放涼，便會漸漸失去黏性。此現象稱為老化，亦稱為β化。

米
├─ 糯米 ── 支鏈澱粉100%
└─ 粳米 ── 直鏈澱粉＋支鏈澱粉

🥚 壽司飯與醋

混合醋要加入剛煮好的飯中去混合，如此醋才能確實滲透至米粒的內部。剛煮好的飯溫度較高（根據日本編輯部之調查，於「壽司高橋」測得之溫度為98℃），飯粒內部的一部分水分呈水蒸氣狀態，因此飯粒的體積較大。溫度降低後飯粒內部的水蒸氣會轉化為水，飯粒的體積會變小，飯粒會收縮。而在此過程中醋會被吸至飯粒的內部。此外，溫度越高，混合醋滲透到飯粒內部的速度亦越快，因此在飯剛煮好時加入混合醋可讓醋迅速滲透至米飯內部。

依照針對調味料滲透程度的研究結果顯示，實際上當分別在80℃、50℃、20℃的飯裡加入混合醋時，溫度越高，醋滲透至飯內部的程度亦越高。

🥚 飯煮好後之不均勻狀態

飯煮好後，飯粒的形狀等在飯鍋的上、中、下三個部分會產生差異。使用「壽司高橋」的方法煮好飯後（請見126頁），上方的飯粒會較乾燥，下方的飯粒會因為上方飯粒的重量被壓成較扁平狀，鍋底的飯粒則因為用大火煮的緣故會有點焦掉。因此飯鍋中飯粒形狀完整且飽滿的只有位於中間部分的飯粒。因此「壽司高橋」除了去掉「鍋巴」外，也會去除下方被壓扁的米飯及上方偏乾的米飯。飯粒大小、形狀以及表面的黏性若不均勻，不僅外觀不好看，混合醋的滲透程度及吃起來的口感也會有所差異。

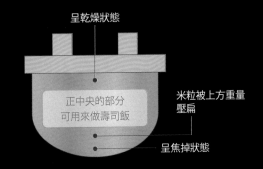

呈乾燥狀態

正中央的部分
可用來做壽司飯

米粒被上方重量
壓扁

呈焦掉狀態

醋

SU / Vinegar

「熟壽司」被認為是握壽司的原點。
熟壽司由魚加上鹽和米發酵而成，其特徵便是因發酵而產生的酸味。
現在的壽司則是透過加醋來做出酸味，
因此醋可說是不可或缺的調味料。

講到壽司，雖然大家腦海都會先浮現握壽司，但古代壽司的起源其實是指將魚和鹽、飯混合後長期發酵而成的「熟壽司」。隨著時代演進，關西開始出現「壓壽司」，到了江戶時代末期，性急的江戶人發展出了符合江戶人性格，不用等待發酵和熟成，只要將醋加入飯中一貫一貫握好後即可食用的「握壽司」（請見第8頁）。

當時所使用的醋據說是用酒粕做成的酒粕醋。這種醋因為呈紅色，因此亦被稱為紅醋。之後用米釀造而成的米醋漸漸普及，由於米醋的顏色不如紅醋深，可維持米飯本身潔白的色澤，和壽司料搭配起來較漂亮，更重要的是，因為米醋味道較不會影響到與其搭配的食材風味，故現今使用米醋的店成了主流。不過，因為紅醋有著特殊的香氣以及圓融的滋味，也有越來越多店家採用紅醋。

黑醋

「壽司高橋」的混合醋
將醋（米醋10：紅醋1：黑醋1）倒入鍋中，加入砂糖、鹽、水，煮勻後直接放涼。

科學小常識

黑醋與紅醋的顏色

黑醋和紅醋是將原料經過長時間發酵、熟成所製成，因此顏色較深。發酵、熟成的過程會產生叫做「胺羰反應❶」（amino-carbonyl reaction）的化學反應。這是胺基酸（胺基）以及糖分（羰基）所產生的反應，會產生變紅變黑的成分以及香氣成分。黑醋和紅醋等經長時間發酵、熟成，故其胺基酸及糖分含量相較其他食用醋為高，顏色亦較深。其顏色會因原料不同而有所變化，如下圖所示，也會有黑醋呈偏紅色，紅醋呈偏黑色的情況。

紅 醋

米 醋

「壽司高橋」使用的醋

❶ 即梅納反應。

鹽

SHIO / Solt

縱觀壽司的歷史，原本就是將魚混合鹽及飯發酵製成的食物，
因此鹽是製作壽司必要的材料。
鹽不僅有調味功能，還可使魚肉緊實或者延長保存時間，
可透過各式各樣的手法去發揮鹽的特性。

雖然統稱為鹽，但根據原料和製法不同，各種鹽的特性亦不大相同。壽司師傅必須從數百種的鹽當中找到適合搭配自己壽司的鹽來用。鹽的種類繁多，質地有粗有細，溶解度有高有低，鹽當中鎂等礦物質含量有多有少，但是其特色幾乎都是由製法所決定的。原料無論是天日鹽或者岩鹽，一旦溶解後加熱濃縮，便會失去原本的特性，最後只會擁有加熱濃縮所製成的鹽的特質。

濃鹽水叫做「鹵水」，將鹵水加熱濃縮所煮成的鹽為「熬煮鹽」。可用「立釜」與「平釜」去熬煮，立釜為真空式的水槽，平釜則呈四方形或者圓形。用「立釜」所煮出的鹽結晶會呈漂亮的六面體。「平釜」所煮出的鹽結晶很容易溶解，黏性較高體積也較大。平釜按加熱方法不同所煮出的鹽結晶構造亦會不同，若用直火等劇烈的加熱方法在釜中會引起強烈對流，經對流攪拌後會產生立方體般的結晶。但因為混合方式並不完全，故會呈有較小的結晶附著的構造。反之若加熱時不產生對流讓鹽慢慢結晶，則可製成鬆軟的片狀鹽。

將海水利用日曬濃縮所製成的「天然海鹽」的味道經常被形容為圓融且溫和，這是因為鹽中含有除了氯化鈉外的礦物質之故。實際上這種鹽當中的氯化鈉含量較少，而富含其他的礦物質成分。

【鹽的結晶構造】

鹽的結晶有各種形狀。鹽看起來雖呈白色，但每一顆結晶皆是無色透明的。許多結晶聚集在一起時因為表面凹凸不平、光線形成亂反射，因此看起來才會是白色。

| 正六面體 | 片狀 | 凝集鹽 | 粉碎鹽 |

| 金字塔狀 | 圓球狀 | 柱狀* | 樹枝狀* |

*使用相當特殊的製法才能製造出的結晶，
食用鹽中幾乎找不到這種鹽。

（資料及照片提供：公益財團法人鹽事業中心）

原料製成的鹽占1／3。日本因為不產岩鹽，故日本產的鹽幾乎都是以
海水為原料製成。

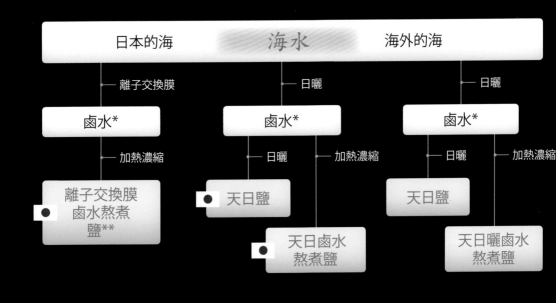

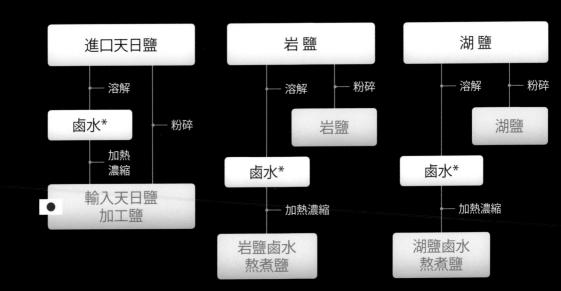

煮飯 Cook Rice

煮飯指的是讓米吸收水分，讓澱粉透過水與加熱過程糊化的作業（請見120頁）。一開始就算鍋中的米和水呈分離狀態，加熱結束後米會將水分完全吸收，煮出黏度與硬度適中的飯。飯若煮得好，醋也會較容易被吸收，做出來的壽司飯也更容易和壽司料融為一體。

壽司的特色亦包括了壽司飯的特色，每位師傅都有自己的一套煮法。除了電子鍋、瓦斯煮飯鍋之外，也有很多店家愛用灶炊型飯鍋（羽釜❷）。「壽司高橋」亦是愛用灶炊型飯鍋的店家之一。

在鐵製灶炊型飯鍋上蓋上厚重的蓋子，再將裝了大量水的鍋子當作重石壓在蓋子上，盡可能地將蒸氣鎖在鍋中用高壓去煮飯。由於用偏少的水加上用大火一口氣煮至沸騰，底部一定會焦掉。但就是要用這種會讓飯焦掉的水量及火力，才能煮出蓬鬆且硬度適中的飯。在煮飯過程中要計算時間去微調火力的做法是「壽司高橋」經過無數次嘗試後才得出的獨家煮飯法。

---

❷ 羽釜之羽得名自為了架在灶上所設計的鍔片。

「壽司高橋」的煮飯法

【首先從洗米開始】

將米放入碗中，加水稍微拌一下後將水倒掉。洗米後用篩網過濾，重複上述步驟三次。若洗太多次，澱粉、蛋白質和糖分等成分會流失，也會損傷到米。放回碗中泡水約30分鐘，用篩網過濾，放置約1分鐘後瀝乾水分，再放入飯鍋中。要注意若放在篩網上太久再煮米粒會太乾燥容易裂掉。

【水量】

米	：	水
10合		1200mℓ
(1800mℓ)		

【水量】

開大火
↓⋯⋯⋯⋯15分鐘（等到沸騰）
中　火
↓⋯⋯⋯⋯15分鐘
大　火
↓⋯⋯⋯⋯1分鐘（讓水分蒸發）
關　火
↓⋯⋯⋯⋯20分鐘（燜）
移至飯台

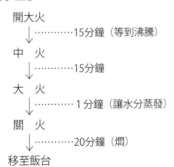

將被稱為「醋飯台」的大飯台先用布擦拭過，再把整鍋煮好的飯直接倒扣在飯台上。只要用力倒扣灶炊型飯鍋（羽釜），就可完整倒出米飯。由於水的用量偏少，加上用大火去加熱，因此四周會稍微焦掉。用飯杓將焦掉的部分去除乾淨，只留下中心部分。煮出的米飯偏硬，但在吸收了混合醋後便會變成適合握壽司的壽司飯。

壽司飯 Rice Prepared for SUSHI

將煮好的飯拌入混合醋才算是「壽司飯」。趁扣在飯台上的飯還是熱騰騰狀態時，均勻淋上混合醋，再用飯勺攪拌，為了讓米飯粒粒分明，攪拌時要像用切的一樣。此作業稱為「切飯」，待飯拌開，混合醋亦和全體白飯充分拌勻後，將壽司飯集中至飯台一角。之後將飯移至保溫鍋維持在肌膚溫度。要握時再將飯移到飯桶中使用。

1 將事先做好的混合醋淋上去掉焦掉部分的白飯。澆淋時自呈小山狀的白飯中央開始，以繞圈方式去淋。

2 打散小山狀的米飯，用飯勺自下方用切的一樣去攪拌米飯。

3 醋和飯拌勻後將飯鋪平。

4 過程中用團扇去搧，讓醋揮發，增加米粒的光澤。

5 將飯集中至飯台一角。為了不壓壞飯粒形狀，作
業時要使用毛巾。

6 移至保溫鍋中，保溫到要握的時候。

壽司飯 SUSHI Rice

「壽司高橋」的壽司飯溫度變化

指米飯用灶炊型飯鍋煮好後移到飯台、保溫鍋為止的溫度變化。剛煮好的飯有98℃，剝除外面焦掉的部分再淋上混合醋後會降到59℃，等到用飯勺「切飯」完成後只剩下約43℃。

保溫鍋的溫度設定在70℃左右，因此飯移至保溫鍋後溫度會稍微上升，之後會維持在46℃。要握之前再將飯移至飯桶，如此飯的溫度就可維持在43℃左右。用這個溫度去握出的壽司飯在客人入口時還會降到更低的溫度——亦即俗稱「肌膚溫度」的適溫。

【壽司飯的溫度變化】

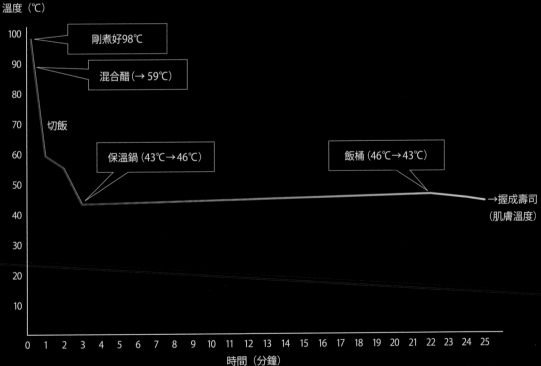

溫度（℃）

- 剛煮好98℃
- 混合醋（→ 59℃）
- 切飯
- 保溫鍋（43℃→46℃）
- 飯桶（46℃→43℃）
- →握成壽司（肌膚溫度）

時間（分鐘）

＊編輯部調查結果

壽司醬油

NIKIRI / Specially prepared
Soy Sauce Brushed on SUSHI
before serving

即塗在握好的壽司上，
質地不厚重的「清淡醬汁」。
以醬油為基底，可加入味醂或高湯去調味，
有各種做法。

雖然握好的壽司也可以沾放在小碟中的生醬油去吃，
但自詡為「江戶前」壽司的師傅大多會在握好後刷上
以醬油為基底的調味醬。此調味醬稱為「壽司醬油」
（NIKIRI），可以是醬油、酒、味醂或者醬油、酒、
高湯混合後所製成，做法相當多元，不過無論何種
做法都會煮去醬汁中日本酒或味醂的酒精成分。因
煮去酒精成分的工序稱為「NIKIRI」，就成了醬汁的
稱呼。「壽司高橋」的壽司醬油是將等量的醬油及味
醂放入鍋裡煮至酒精成分揮發後使用。在塗壽司醬
油時，為了不蓋過搭配海鮮的特色，用量必須做出調
整。

醬汁

NITSUME / Condensed Sauce
made of ANAGO (Conger Eel)
Broth

即塗在握好的壽司上，
滋味濃厚的「濃厚醬汁」。
壽司店簡稱為 TSUME。
一般來說是用星鰻煮汁加上白雙糖❽和味醂
煮至濃稠而製成。

星鰻是江戶前必備的壽司料，使用星鰻的煮汁，加入
用切下的魚頭和中骨烤過後萃取出的高湯，再倒入醬
油加砂糖和酒或者醬油加味醂，一邊撈去雜質慢慢煮
至濃稠的醬汁即是「醬汁」（NITSUME）。有將醬汁
全部用完後重新煮製新醬汁的店家，也有保留部分老
醬汁再加入新醬汁以私藏獨門醬汁為賣點的店家。除
了塗在星鰻上，也會用於蝦蛄、文蛤等經過浸泡於調
味醬中「浸漬入味」處理的壽司料上。

❽ 日文為ざらめ，用來指稱顆粒較大的砂糖，包含
白雙糖和中雙糖。白雙糖多半只有高級甜點店或
高級壽司店會使用，一般家庭用的ざらめ則是中
雙糖。

壽司的甜味 MIRIN (Sweet Sake) and Sugar

用於壽司的甜味調味料有砂糖或味醂。
使用砂糖和味醂的目的不僅止於增加甜味，
還具有中和酸味及苦味、增加光澤、延長保存期限等各種效果。

壽司處理中主要會用到砂糖和味醂的部分為製作煮物的「煮汁」以及製作淋在壽司飯上的「壽司醋」時。製作煮汁時，大多會從砂糖或味醂中擇一使用，或者也可以兩者同時使用，但製作壽司飯時很多店家「不使用砂糖」。據說這是因為壽司醋原本只會加醋和鹽，為了遵循傳統，才不加砂糖。

1950年代後砂糖開始廣為流通，當時有很多店家會在壽司醋中加砂糖。很大的理由是因為可增加壽司飯的光澤、使醋的酸味嘗起來更加柔和、讓飯粒更鬆軟，同時還可防止澱粉老化，延長壽司飯的保存時間。

砂糖和味醂的甜味性質並不相同。這是由於兩者甜味來源的糖之種類不同。砂糖由甘蔗或甜菜等原料精製而成，主要的成分為蔗糖的甜味，但味醂的甜味是來自糯米澱粉經米麴長時間作用分解而成的葡萄糖、麥芽糖以及寡糖，也因此甜味非常溫和。

味醂可增加光澤是因為葡萄糖具有醣類中最高的光澤度。味醂中含有酒精，因此可防止海鮮煮爛變形。同時味醂中豐富的香氣成分亦可幫助抑制腥臭味。

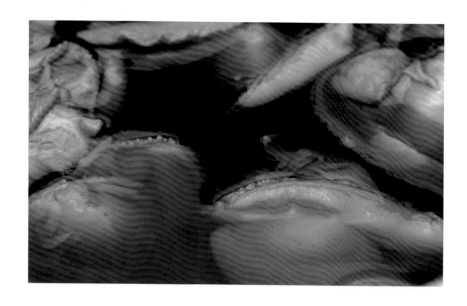

【「天然釀造味醂」（本味醂）與「味醂風調味料」之差異】

「天然釀造味醂」（本味醂）

用蒸過的糯米或粳米做成的米麴加上燒酎等釀造用酒精去處理，經糖化、熟成而成的味醂。糖分有45％，酒精度數約14％，日本酒稅法分類上為酒類。就算開封後也可保存一年以上。

「味醂調味料」

以葡萄糖及水飴等醣類加上調味料、酸味調味料為原料製成。糖分約在60％上下，鹽分低於1％。酒精度數低於1％因此並非酒稅的課稅對象，販售的價格較天然釀造味醂低廉。開封後需冷藏，且最好在2～3個月以內用畢。

味醂的調理效果

● 圓融的甜味及光澤感

相對於成分僅有蔗糖（雙醣類）的砂糖，味醂糖分中八至九成為葡萄糖（單醣）。分子量較蔗糖來得小，因此較容易滲透至食品內部，甜味也比砂糖來得柔和。此外，加熱後可增加焦香以及光澤感。

● 滋味醇厚、具鮮味及香氣

由於使用糯米經複雜的製程所製造而成（請見137頁），味醂含有豐富的胺基酸、胜肽、有機酸以及香氣成分。胺基酸及胜肽就是鮮味成分，有機酸的酸味可幫料理提味，更能突顯出味道。上述成分混合在一起，再搭配上食材可使料理的滋味更為醇厚，鮮味更加豐富，吃起來風味更佳。

● 快速的滲透力 以及收縮細胞、除臭效果

天然釀造味醂中含有酒精成分。酒精可加速其他調味料滲透至食材當中的速度，可讓食材較快入味。酒精亦可讓支撐蔬菜組織的細胞收縮緊實，具有防止煮爛變形的功能。此外，酒精在約78℃時就會蒸發，和海鮮一起加熱時，酒精會帶走臭味一起蒸發掉，因此還可達成除臭效果。

● 防腐及殺菌效果

味醂中的酒精雖然沒有殺菌效果，但其含有的有機酸在混合了其他調味料的酸類及鹽分後便會產生防腐及殺菌的效果。

砂糖的製造方法 How to Make Sugar

砂糖種類繁多，一般壽司店會用的糖有上白糖、和三盆糖、三溫糖、蔗砂糖[04]等。根據製造方法不同，顏色及顆粒大小亦有所不同。

【砂糖的主要成分】

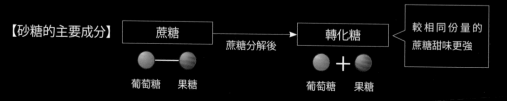

| 蔗糖 | 蔗糖分解後 → | 轉化糖 | 較相同份量的蔗糖甜味更強 |

葡萄糖 — 果糖　　葡萄糖 ＋ 果糖

【常見的砂糖製造方法及分類】

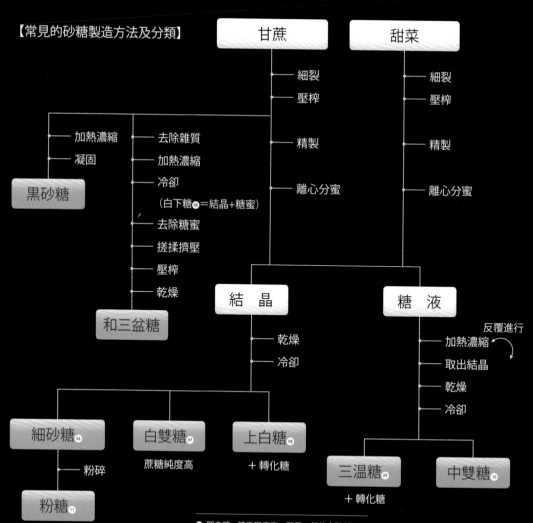

甘蔗　　甜菜

細裂　　細裂
壓榨　　壓榨

加熱濃縮　去除雜質　精製　　精製
凝固　　加熱濃縮
　　　　冷卻　　　離心分蜜　離心分蜜
黑砂糖　（白下糖[05]＝結晶＋糖蜜）
　　　　去除糖蜜
　　　　搓揉擠壓
　　　　壓榨
　　　　乾燥
和三盆糖

結晶　　糖液

乾燥　　　反覆進行
冷卻　　　加熱濃縮
　　　　　取出結晶
　　　　　乾燥
　　　　　冷卻

細砂糖[06]　白雙糖[07]　上白糖[08]
粉碎　　蔗糖純度高　＋轉化糖
粉糖[11]

三溫糖[09]　中雙糖[10]
＋轉化糖

[04] 只經過最低限度的去雜質和結晶處理，未完全精製，仍保留相當程度礦物質含量的粗糖、紅糖。

[05] 含有糖蜜的黑糖。

[06] 即白糖，精緻程度高，即最一般的白砂糖。

[07] 較特砂顆粒更大。

[08] 含有1%轉化糖的細砂糖。

[09] 將製作白砂糖剩下的糖液經過多次加熱結晶處理而成，故稱三溫。

[10] 為分蜜糖一種，製程中添加焦糖附著在表面增加風味，台灣最接近的產品為二砂，唯中雙糖的顆粒較二砂更大。

[11] 糖粉。

天然釀造味醂（本味醂）的製造方法
How to Make MIRIN

煮星鰻、文蛤、蝦蛄等食材時所用的天然釀造味醂是由糯米、米麴和燒酎或者酒精混合後
發酵，經過長時間糖化、熟成而成的製品。

【天然釀造味醂的製作方法一例】

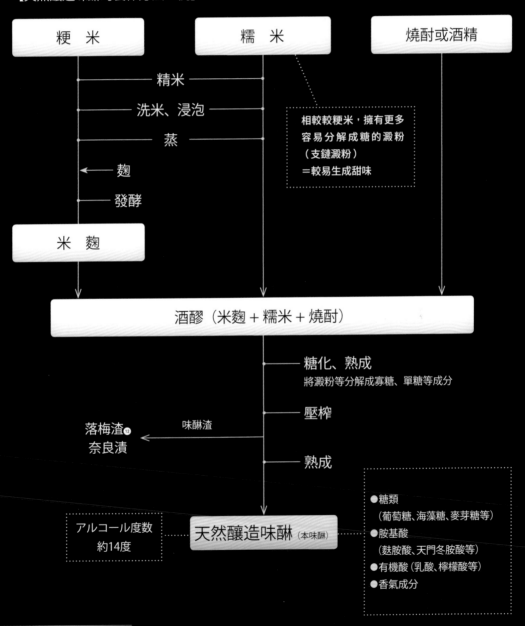

粳米　　　糯米　　　燒酎或酒精

精米

洗米、浸泡

蒸

相較較粳米，擁有更多
容易分解成糖的澱粉
（支鏈澱粉）
＝較易生成甜味

麴

發酵

米麴

酒醪（米麴＋糯米＋燒酎）

糖化、熟成
將澱粉等分解成寡糖、單糖等成分

壓榨

落梅渣⑫
奈良漬　　味醂渣

熟成

アルコール度数
約14度

天然釀造味醂 (本味醂)

●糖類
（葡萄糖、海藻糖、麥芽糖等）
●胺基酸
（麩胺酸、天門冬胺酸等）
●有機酸（乳酸、檸檬酸等）
●香氣成分

---

⑫ 日文原文為こぼれ梅，因榨乾後的味醂渣形
似盛開時飄落的梅花花瓣而得名。

山葵

WASABI

含入口中時可嘗到刺激的辛辣味及清爽的香氣，
對握壽司來說是不可或缺的存在。
光是看到壽司師傅在板場現磨山葵就會讓人心情激昂不已。
山葵雖是日本特有的品種，但現今已揚名國際，成為代表日本的辛香料。

在壽司店看得到的山葵除了板場研磨後使用的山葵外，還有加水去調的山葵粉。前者稱為「現磨山葵」或「山葵泥」❶，後者則稱為「山葵醬」❶以示區別。也有用裝在牙膏條狀容器裡的山葵。山葵的品質有好有壞，各種等級都有。就算同樣叫「山葵」，由於產地、品種等各式各樣的因素，不同山葵間的品質差距可說是相當地大。被視為最高級品種的山葵是栽培於靜岡縣伊豆天城或御殿場，長野縣的穗高等產地的真妻種。山葵根據栽培方法可分為在田裡栽植的「陸山葵」以及在溪流或湧水裡生長的「水山葵」兩種。❶壽司店所使用的山葵為「水山葵」（見下方敘述），水山葵亦可分為兩種。「實生種」栽培上較為簡單，栽種規模也較大。「真妻種」的栽培難度較高，無法大量生產，成長速度緩慢，一年大約只能生長3cm左右，將苗種下後需要一年半到三年才能收穫，所需時間是實生種的1.5倍長。真妻種採梯田栽培，需要清淨的水、夏季間仍保持15℃以下的穩定水溫、以及氧氣充足的環境，收穫也必須用人工小心地採收。優良的山葵體型大且突起顆粒較小，質地緊實，研磨後黏性十足，會散發出高雅的辛辣味以及清爽的風味。

山葵

山葵和白蘿蔔及小松菜等蔬菜同屬「十字花科」。壽司店現磨的山葵一般用的是位於清澈溪流中的山葵田所栽培出的「水山葵」。根莖部具顆粒狀突起，顏色呈漂亮的深綠，由於帶有辛辣味及卓越的香氣，售價十分高昂。

山葵的成分 Component of WASABI

將山葵拿去研磨破壞掉山葵組織後，酵素會開始作用，產生辛辣成分，讓山葵變辣。用細網眼的研磨器或者鯊魚皮去研磨山葵的目的就是為了要徹底破壞掉細胞組織、讓酵素充分作用以產生辛辣味之故。剛磨出的山葵因為酵素的分解作用還未完成因此不太辛辣。

將山葵磨好後放置一段時間辣味就會出來，但若放太久，辛辣成分反而會揮發掉，導致辣味消失。因此，為了發揮出最佳的香氣及辛辣味，每次最好只研磨出要用的量就好。磨好放置時為了不讓辛辣成分散逸，要用山葵豬口（裝山葵的容器）蓋住。此外，研究結果顯示山葵中的辛辣成分具抗菌作用，特別是對魚類帶的腸炎弧菌等導

致食物中毒的細菌有很高的抗菌效果。

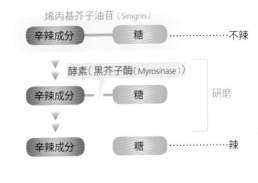

烯丙基芥子油苷（Sinigrin）

| 辛辣成分 — 糖 | ⋯⋯⋯⋯⋯ 不辣 |

▽

酵素（黑芥子酶（Myrosinase））

| 辛辣成分 — 糖 | 研磨

▽
▽

| 辛辣成分　　糖 | ⋯⋯⋯⋯⋯ 辣 |

⑬ 日文原文為すりわさび、おろしわさび。

⑭ 日文原文為練りわさび。

⑮ 水山葵，日文為水ワサビ、谷ワサビ、沢ワサビ。陸山葵，日文為畑ワサビ、陸ワサビ。

柑橘

KANKITSU /
Citrus

德島酸橘、柚子、臭橙等柑橘類是日本料理中魚類料理必備的「配料」。

將柑橘汁淋在鯛魚、鰈魚等白肉魚，章魚及烏賊，沙丁魚及竹筴魚等亮皮魚上，清爽的柑橘酸味可襯托出每種海鮮的不同特色。

講到壽司中不可或缺的酸味，除了醋以外就是柑橘汁了。以前的壽司食材較多運用「功夫活」將海鮮煮過或者醃過，而後來壽司漸漸轉向運用「生食」食材居多，也因此使用柑橘汁或者現磨柑橘皮的機會也益漸增加。

柑橘酸味的主要成分為「檸檬酸」，而醋的酸味成分為「醋酸」。無論檸檬酸或醋酸皆屬於有機酸。有機酸如其名所示呈酸性，pH值（請見73頁）小於7。有機酸擁有可防止酸化及抑制細菌繁殖等特性。雖說如此，使用柑橘的目的並非是要延長食物的保存期限，而是為了增添柑橘果實所具有的清爽香氣。

【用於壽司的柑橘】
①：主要產地
②：露地栽培的季節

柚子
①高知縣、德島縣
②10月～12月

德島酸橘
①德島縣　②9月

臭橙
①大分縣　②9月

⑯ 日文為カボス，學名*Citrus sphaerocarpa*。

甘醋生薑（薑片）

SYOGA / Ginger
Marinated with
Sweet Vinegar

切薄片後用甘醋醃漬而成的生薑在壽司業界稱為「薑片」（GARI）。
薑片的功能和茶一樣，
在吃完一個壽司後吃下一個壽司前食用可消除上一個壽司料的餘味，
清潔味蕾使味覺常保清新。

甘醋生薑之所以被稱為「GARI」，除了因為咬時會發出清脆的聲響（GARIGARI）外，
還有一說是指由切生薑時發出的聲響而來。可以說「清脆的聲響」（GARIGARI）正代
表了生薑纖維多且硬的特色。用來做薑片、纖維質很多的部位是生薑的莖部而非根部。
生薑和其他植物一樣，由葉、莖和根部所構成，其莖部為埋在土中的地下莖。

生薑依收穫及上市時期有不同的名稱，其中又以「生薑」及「新生薑」最受歡迎。單講
生薑一般指的是「老成生薑」❼、「儲藏生薑」❽，也就是將秋天收穫的薑儲藏兩個月以
上，整年可出貨的生薑。「新生薑」是剛收成的生薑，整體顏色
較淡，葉的基部呈淡粉紅色，上市期間只有5～8月間，口感較
一般的生薑柔軟，纖維質也較少。此外，初夏時帶著葉子出
貨的生薑叫「谷中生薑」，可用甘醋醃漬後做成「醋漬嫩
薑芽」，經常用來當烤魚的配菜食用。進入夏天時，壽
司店為了營造出季節感，也會將切成薄片的醋漬
嫩薑芽用以代替薑片搭配壽司。

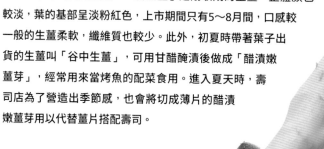

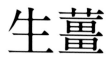

生薑中的辛辣成分包括「薑酮」（Zingerone、
「薑烯酚」（Shogaol）等被認為具有消除魚腥效
果的成分。此外，針對生薑的辛辣成分與能量代
謝的研究結果顯示，食用生薑後經過一段時間，
血流量會增加，這也是為何自古以來就有吃薑可
暖身的說法之故。同時，辛辣成分亦有促進食慾
的功能。

❼ 日文原文為ひねショウガ，漢字寫作「老成生薑」或「古根生薑」。
❽ 日文原文為囲いショウガ，指的一樣是老成生薑。

1 準備好4kg新生薑所需之混合調味料（醋3.6L、砂糖1.5kg、鹽300g）。「壽司高橋」的薑片用的是新生薑。生薑切薄片後放入沸騰的熱水中。

2 待熱水再次沸騰後便可撈起。

3 用篩網瀝乾水分。

4 攤開於篩網上。

5 趁熱充分擠乾，放入混合醋中醃漬半天至一天以上。

befor
用甘醋醃漬前

after
用甘醋醃漬後

玉子燒

TAMAGO-
YAKI /
Japanese Omelet

玉子燒和亮皮魚、煮物一樣，被認為是江戶前壽司的基本功。
調味以及煎烤的技術難度很高，
因此有「吃玉子燒就知道店家好壞」一說。
雖然也有店家會從玉子燒專門店進貨，
但以江戶前功夫為傲的壽司店仍然會精益求精，
追求自家製作的招牌玉子燒。

每家壽司店所提供的玉子燒味道皆有所不同。包括店家選擇是否在店裡自製，從調味到煎烤工序，從玉子燒的每個細節就可看出該店的想法。一般店家提供的都是厚燒玉子燒，大致上可分成「加入海鮮漿」和「未加入海鮮漿」兩個類別。

江戶前壽司的主流是加入海鮮漿再煎烤得軟綿蓬鬆的玉子燒。不加海鮮漿的玉子燒原本是日本料理店的作法，壽司店採用這種作法是比較晚近的事。無論何種玉子燒，大多是用正方形的玉子燒鍋煎烤而成。每家店又會有自己的作法，看是要「分批倒入少量玉子燒液一邊捲一邊烤」或是「一口氣將玉子燒液倒入玉子燒鍋，不要捲將玉子燒鍋當作模具直接烤成」。

「壽司高橋」的玉子燒有加海鮮漿，是多年來持續研發出的心血結晶。海鮮漿用的是蝦漿。將用果汁機打成比絞肉狀還要細的液狀蝦漿和蛋液混合做成玉子燒的原液。將玉子燒液倒入玉子燒鍋中，於上下方使用不同的熱源，花時間慢慢煎烤出膨膨鬆鬆的成品。使用兩種不同熱源煎烤出的上半部和下半部的狀態亦有所不同，上半部呈布丁狀，下半部則像卡斯提拉 ⑲，兩種不同口感和滋味形成絕妙的搭配。

---

⑲ 日文為カステラ，台灣又稱蜂蜜蛋糕，但傳統製法中並不會加入蜂蜜。

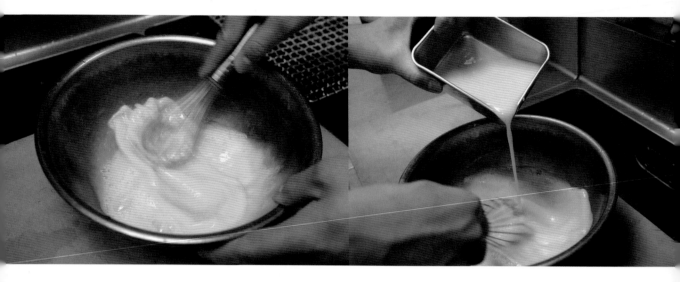

1　放入七塊木炭後點火。日本酒、細砂糖、鹽加入
　鍋中煮至沸騰後加入沙蝦,再用果汁機打成液狀
　(以下稱沙蝦漿)。打蛋至調理碗中,加入細砂
　糖、鹽、昆布高湯、味醂、日本酒後拌勻。

2　加入1的沙蝦漿後拌勻。

3　將烤網置於瓦斯爐上,烤網上再放上料理長筷以
　增加玉子燒鍋和爐台的距離。開小火,用廚房紙
　巾吸油後塗抹於玉子燒鍋中。

4　慢慢倒入2的玉子燒液。

5　將玉子燒液倒滿整個玉子燒鍋，用瓦斯噴槍燒去表面所產生的氣泡。將
　　瓦斯爐的火轉至文火。

6　在玉子燒鍋上方約20cm處放置烤網，並於烤網上放上炭火。此處的關鍵
在於玉子燒鍋和下方瓦斯爐火以及上方炭火兩種熱源之間的距離。「壽
司高橋」運用烤網和料理長筷、左右兩邊的七輪炭爐和磚塊來調整熱源
和玉子燒鍋之間的距離。維持此狀態用文火煎烤30～45分鐘即成。

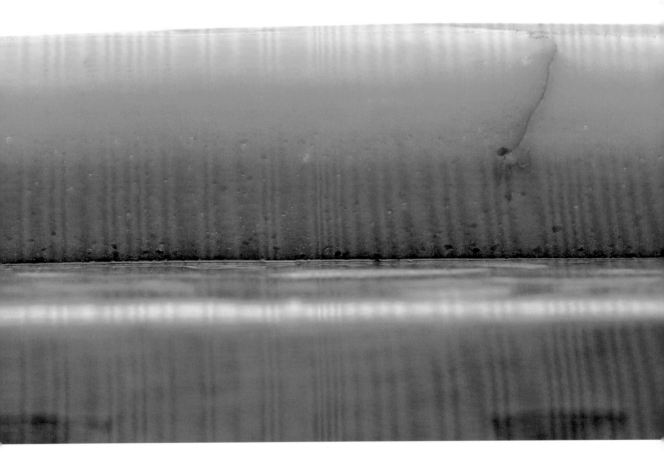

煎烤好的「壽司高橋」玉子燒。仔細看可發現玉子燒分成上下兩層。這是由上下方不同熱源所煎烤出的成果。

壽司店的加熱調理 Cooking

壽司店的加熱調理包括煮和烤。煮包括煮星鰻、章魚和蝦蛄等料理。烤的代表性料理包括玉子燒以及將煮好的星鰻等做最後加工時稍微炙燒過增加焦香味的烤星鰻等。最近也有將比重加在其他小菜的壽司店，但壽司店的本業說到底還是處理壽司食材。因此壽司師傅在調理食材時必須考慮到和壽司飯搭配時的狀態去加熱。

玉子燒 (以「壽司高橋」為例) Making a Japanese Omelette

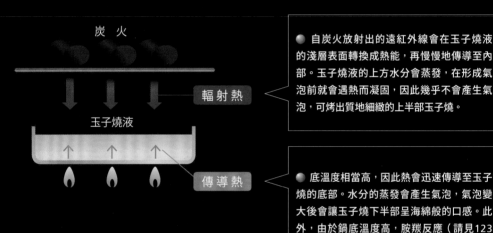

炭　火

輻射熱

玉子燒液

傳導熱

● 自炭火放射出的遠紅外線會在玉子燒液的淺層表面轉換成熱能，再慢慢地傳導至內部。玉子燒液的上方水分會蒸發，在形成氣泡前就會遇熱而凝固，因此幾乎不會產生氣泡，可烤出質地細緻的上半部玉子燒。

● 底溫度相當高，因此熱會迅速傳導至玉子燒的底部。水分的蒸發會產生氣泡，氣泡變大後會讓玉子燒下半部呈海綿般的口感。此外，由於鍋底溫度高，胺羰反應（請見123頁）的進行速度也很快，底部會帶有焦色，帶有甘甜焦香的風味。

煮物 Boiling

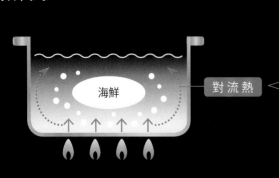

海鮮

對流熱

● 在鍋裡加入煮汁和食材，開火後煮汁會自然對流，透過對流熱去加熱食材。煮到沸騰大滾產生氣泡時，傳導至食材的熱能亦會達到10倍以上。也因此，若用大火持續加熱，食材表面會因對流的力道以及氣泡的衝擊而遭到破壞導致形狀崩碎。為了讓食材盡量不要移動，煮時可加上落下蓋並在加熱時注意調整火候。

炭火 Charcoal Grilling

炭火傳導至食物的熱約八成為紅外線所產生的輻射熱。相較於瓦斯的火焰所放射出的紅外線，炭火所放射出的紅外線大多是波長較長的遠紅外線。用遠紅外線加熱可更快烤出焦色，也可讓表面變得酥脆。此外，炭火的表面溫度高達800～1200℃，此高溫亦是炭火燒烤可烤出焦香成品的原因。

瓦斯爐（熱源：瓦斯）

瓦斯和空氣中的氧氣形成化學反應後會產生熱。空氣充足時完全燃燒的瓦斯的火焰呈藍色，而不完全燃燒時的火焰則呈紅色。瓦斯爐可產生高溫的空氣對流熱，不僅可加熱鍋底，熱也會傳導到側面。瓦斯傳導至鍋的熱轉換率約為40%。

IH 爐（熱源：電）

IH為「Induction Heating」（電磁感應加熱）的縮寫。相對於用瓦斯爐加熱時，是由火焰將周遭空氣加熱至高溫再經由鍋具傳導到食材，IH是直接自鍋底發熱，因此熱會從鍋底直接傳導至鍋內。也因此熱能轉換率有80～90%，約有瓦斯的2倍之高。

壽司店的蛋調理 Egg Cooking

蛋好吃又營養豐富，自江戶後期起，平民層也開始食用蛋，當時就已出現收錄100種以上蛋料理的食譜書，可見蛋已被廣泛運用到各式各樣的料理中。蛋在世界各地也擁有豐富多樣的調理方式，可見得是相當容易入菜的好用食材。壽司店除了高湯蛋捲、厚燒玉子燒外，茶碗蒸也會用到蛋。

蛋的構造 Chicken Egg

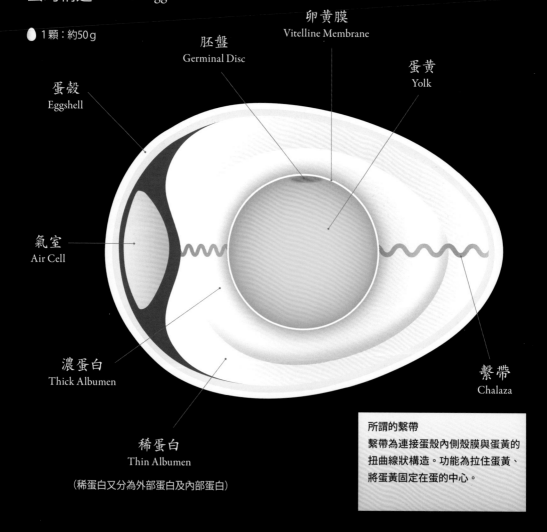

1顆：約50g

卵黃膜
Vitelline Membrane

胚盤
Germinal Disc

蛋黃
Yolk

蛋殼
Eggshell

氣室
Air Cell

濃蛋白
Thick Albumen

稀蛋白
Thin Albumen

（稀蛋白又分為外部蛋白及內部蛋白）

繫帶
Chalaza

所謂的繫帶
繫帶為連接蛋殼內側殼膜與蛋黃的扭曲線狀構造。功能為拉住蛋黃、將蛋黃固定在蛋的中心。

【蛋白的成分】　　　【蛋黃的成分】

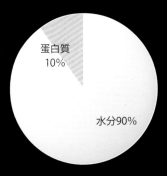

蛋白質
10%

水分90%

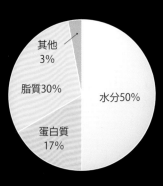

其他
3%

脂質30%

水分50%

蛋白質
17%

蛋白的90%由水分構成,不含任何脂質,而蛋黃含有脂質。蛋黃的脂質中約20%為「卵磷脂」。卵磷脂具有讓原本無法結合的油和水「乳化」的性質。蛋黃和蛋白打散變成蛋液後可以加入高湯稀釋也是拜蛋黃中所含有的卵磷脂的乳化作用之賜。

蛋的性質 1　可和高湯混合

蛋具有遇熱會凝固的性質,利用這項性質,可以在蛋液中加入高湯等液體做成高湯蛋捲或茶碗蒸等料理。

蛋的構造是由蛋殼包著蛋黃和蛋白而成(請見左頁)。蛋黃和蛋白的組成成分不同,性質亦不相同。蛋液由兩種不同性質的部分混合而成,因此混合方式很重要。濃蛋白和稀蛋白的熱傳導速度不同,因此若未混合均勻,受熱程度就會不均,無法做出漂亮的成品。「壽司高橋」打蛋時會用打蛋器左右擺動,像是用「切」蛋白一樣去打,以避免打入空氣。這是因為若混入太多空氣,煎的時候會膨脹起來。打好蛋液後加入高湯,將兩者混合,再用篩網去過濾讓液體更加均勻,就可煎烤出質地細緻且外觀美麗的成品。

【蛋液和高湯的混合比例】

	蛋液		高湯
高湯蛋捲	3	:	1
茶碗蒸	1	:	3

蛋白會發泡

將蛋和蝦子或白肉魚的海鮮漿混合後慢慢煎成鬆軟卡斯提拉狀的厚燒玉子燒是傳承了江戶前傳統的蛋料理。一般會加入蛋及海鮮漿、砂糖、鹽、用來黏合的山藥⑳，但砂糖也可換成三溫糖或味醂，或者不放黏合的山藥等等，每家店都有富有自家巧思的厚燒玉子燒。甚至有店家的玉子燒做得和收尾的一口甜點一樣，上方還會放上打發蛋白所做成的蛋白霜。

蛋白具有發泡的性質。一般來說就算攪拌水也不會發泡，這是因為水分子間的結合力很強，彼此

間的吸引力很強大因此不容易分離，就算混入空氣，氣泡也會被強大的結合力壓破。但蛋白裡的蛋白質溶解在水分中，水分子間的結合力因蛋白質的存在而被減弱，一旦混入空氣，蛋白質會形成薄膜包覆在氣泡周圍，導致氣泡難以被破壞。也因此將空氣打入蛋白打出氣泡後可以維持穩定的發泡狀態。

---

⑳ 細葉野山藥，日本薯蕷。

遇熱會凝固

蛋白會變白凝固是蛋白質的特性所致。蛋白質漢字的蛋就是蛋，白就是蛋白，由此就可看出蛋可說是蛋白質的代名詞一樣的存在。蛋白質的構造相當複雜，加熱後構造會產生變化（稱變性）因此會變硬。

如155頁所示，蛋白和蛋黃加熱後凝固的狀態會因加熱溫度而有所不同。

將蛋液倒入玉子燒鍋時會發出滋
滋聲，此時玉子燒鍋的表面溫度
約為150℃。

【老蛋和新蛋】

新蛋的濃蛋白較多，將殼剝開後蛋黃和蛋白都很飽滿富有張力。剛產出的蛋呈弱鹼性，但隨著時間經過，蛋白亦趨鹼性。蛋白中含有帶有硫黃的胺基酸，加熱後會分解出硫化氫這種物質。煮蛋時聞起來會有溫泉的味道就是因為硫化氫之故。蛋煮久了蛋黃會變黑，是因為蛋黃內所含的鐵質與蛋白產生的硫化氫結合後生成深綠色的硫化鐵之故。由於鹼性越強越容易產生硫化氫，因此老蛋較新蛋容易產生硫化氫，蛋黃也較容易發黑。

此外，若蛋變得偏鹼性，和內側的膜鄰接的蛋白也會減少，煮蛋後殼也會較難剝除。

【蛋白、蛋白的凝固程度與溫度之關係】

溫　度	蛋白狀態＊	蛋黃狀態＊
55°C	液狀，顏色透明幾乎無變化	無變化
57°C	液狀，稍微變得白濁	無變化
59°C	乳白色且呈半透明的膠狀	無變化
60°C	乳白色且呈半透明的膠狀	無變化
62°C	乳白色且呈稍微半透明的膠狀	無變化
63°C	乳白色且呈稍微半透明的膠狀	稍微有點黏性，但幾乎無變化
65°C	白色且呈稍微半透明的膠狀 呈可晃動的狀態	呈帶黏性的柔軟糊狀
68°C	呈白色膠狀，幾乎已凝固	呈帶黏性的偏硬糊狀，接近半熟狀態
70°C	幾乎已經成形，呈柔軟的凝固狀態， 但有一部分仍為液狀	呈帶黏性的糊狀、呈半熟狀態
75°C	幾乎已經成形，呈柔軟的凝固狀態， 已無液狀部分	呈有彈性的橡膠狀，偏硬的半熟狀態，顏色有點變白
80°C	完全凝固變硬	稍微有黏性，可分離打散，呈黃白色
85°C	完全凝固變硬	不太有黏性和彈性，非常容易分離打散，變得較白

＊蛋白和蛋黃分離後，將各5g分別裝入試管中浸泡於55〜90℃熱水中8分鐘的狀態變化。

出自佐藤秀美所著《用科學方式瞭解「熱」的為什麼?》（柴田書店）

魚鬆

OBORO /
Mushed Fish

「魚鬆」是將鱈魚等白肉魚或者蝦子打成漿後再用鍋子煎製而成。
自古以來便是江戶前壽司的功夫活之一,
是壽司師傅以精心巧手製作裝飾壽司時必備的食材。

較常用來製作魚鬆的海鮮包括油脂量少的白肉魚以及蝦子。以往有可從魚鬆用的材料
評判一家店等級之說,用蝦子來製作的店最為高級。煮過的蝦子會自然呈現淡淡的粉紅
色。除了經常加入散壽司和卷壽司中增添色彩之外,和水針、幼鯛魚以及沙鮻等壽司食
材十分對味,江戶前傳統的握壽司會夾點魚鬆在這些食材和醋飯中間。

白肉魚和蝦子的纖維既粗又脆弱,特質是加熱後很容易散掉。打成海鮮漿後加入調味料
再倒入鍋中用飯勺或者刮刀邊攪拌整體邊煎,注意不要讓它結塊。視火候而定,大概煎
20分鐘以上後就可煎出質地細緻乾燥鬆軟的魚鬆。用鱈魚肉做出的魚鬆是白的,因此有
時也會加點紅色的色素。蝦子煎好之後本身就會呈漂亮的淡紅色。

「壽司高橋」用的是以蝦漿為基底加上蛋製成的黃色魚鬆。此外亦會製作江戶前傳統的
功夫活「黃身醋魚鬆」,這是用蛋黃量較多的蛋液為基底加入醋拌勻,讓蛋白質遇醋而
變性再用鍋子煎出非常細緻又乾燥鬆軟的魚鬆。成品為漂亮的黃色,可用來搭配幼鯛魚
的握壽司。

「壽司高橋」的魚鬆

蝦鬆

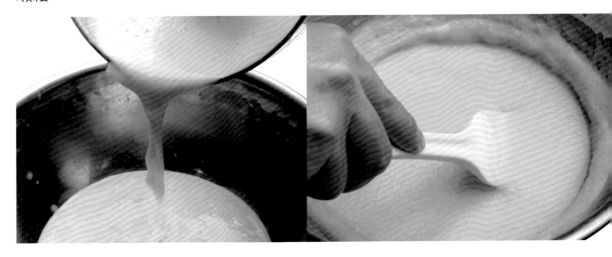

1 日本酒、鹽、細砂糖加入鍋中煮至沸騰。
加入沙蝦稍微煮一下後用篩網撈起，再用
果汁機打成液體狀。

2 倒入調理碗中，邊用約80℃的熱水隔水加
熱邊用刮刀攪拌。待蝦子的蛋白質開始凝
固，質地變得濃稠、攪起來感到有阻力時
就可倒入鍋中，再加入蛋黃。邊用小火加
熱邊用五支料理長筷攪拌，直到呈魚鬆狀
為止。

黃身醋㉑魚鬆

於調理碗中加入蛋黃、全蛋、砂糖、醋
後，邊用約80℃的熱水隔水加熱邊用刮刀
攪拌。蛋白質會因為醋而變性凝固，變成
如照片中的質地。待整體變得乾燥鬆散時
加入鍋裡，邊用小火加熱邊用五支料理長
筷攪拌，直到呈魚鬆狀為止。

㉑ 加入蛋黃的醋。

瓠瓜乾（葫蘆乾）

KANPYO /
Dried Gourd
Shavings

瓠瓜乾雖然不是海鮮，但在江戶前壽司的地位穩如泰山，
從海苔卷幾乎成了瓠乾卷的代稱可窺見一二。
和玉子燒一樣是傑出的收尾珍品，
一條理想的瓠乾卷，
其海苔的香氣、瓠乾的甘甜、醋飯的酸味
必須達成渾然一體的狀態。

瓠瓜乾是將蒲瓜㉒的果肉削成像蘋果皮一
樣薄的條狀後乾燥而成。全國產量九成來
自栃木縣。品質優良者色白且富有光澤，
肉厚且寬，帶有甘甜的香氣。現在市面上
所流通的瓠瓜乾為了保存及漂白目的，皆
用像紅酒防腐等也會加的亞琉酸鹽處理
過，不透過特殊管道很難買到未經漂白的
瓠瓜乾。瓠瓜乾內含有的亞硫酸鹽在煮過
（先泡水5分鐘再水煮10分鐘）後含量會降
到只剩原本的三十分之一。

泡開瓠瓜乾時要先用鹽搓過。用鹽搓過較
容易破壞組織，相較未用鹽搓過的瓠瓜乾
吸水力更強，也可讓調味料更容易入味。

㉒ 即葫蘆，又稱扁蒲、瓠瓜、瓠子、蒲仔、匏仔。

7〜8月時收穫的蒲瓜。
此時的水分有95%。

切成厚度2〜3mm的條狀。

日曬。曬到水份剩20〜30%。
*用亞硫酸鹽漂白。

（照片提供：栃木縣農村振興課）

1 　將瓠瓜乾浸泡於水中一晚。吸水後重量會變成原本的約2.5倍。瀝乾水分放入調理碗中加入20%左右的鹽搓揉至瓠瓜乾縮起。

2 　用水仔細清洗後擠乾。鍋中加水再加入擠乾的瓠瓜乾後開火煮。中間加2～3次水，待煮出透明感用手指就可以撕斷的狀態即可用篩網撈起瀝乾水分。

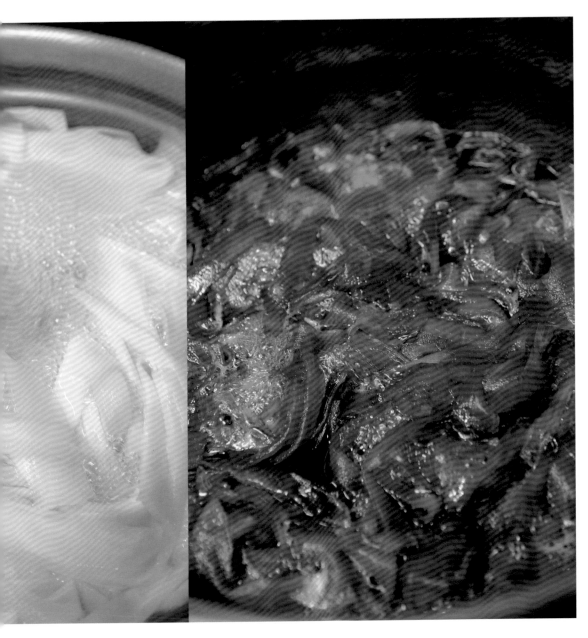

3 於鍋中以3：3：2的比例加入砂糖：白雙糖：醬油，煮滾後加入擠乾的瓠瓜乾煮至入味。

握

Shape

製作壽司中最為華麗的工序就是「握」了。
站在客人面前握出壽司然後上菜。
握時要輕巧，目標是握出可保持完整形狀，
入口後才會散開的壽司。
為了要連續握出外型美觀的壽司，
每一道作業程序都必須細心謹慎以對。

站到吧檯內側，在客人面前握製壽司是壽司師傅最棒
的舞台之一。師傅的一舉一動都會吸引客人的目光並
增加客人的期待感。

每個壽司師傅都有自己的握法，但目標都是以優美的
姿勢、在最快的速度下握出形狀美麗的壽司。要握出
一個壽司雖只需數秒時間，但在這數秒當中卻凝縮了
數小時的精心調理以及準備期間。

身為壽司師傅，不能只握出一個完美壽司就好，而必
須能運用好幾種不同的壽司料握出數十甚至數百個
大小均一形狀相同的壽司。因此，壽司師傅就像運動
選手一樣，為了建立握壽司的姿勢，鍛鍊出「體態」
相當重要，為此必須要經過相當的訓練。

鮭魚卵
魚漏勺
用

白胡椒

芝麻

柑醋醬油

醬油

鹽

菜刀擋

菜刀

浸用器皿
鮪魚皿

薑片

壽司料放置處

備用器皿

站板場

醬汁 (NITSUME)

手醋

壽司醬油 (NIKIRI)

玉子燒

山葵

壽司飯

料理長筷

切片 Slice

將切成柵塊的魚肉再切成握壽司大小的步驟稱「切片」。切得比壽司飯過大或過小都會破壞壽司外觀，切片可決定魚料搭上壽司飯的美感。切時基本上要以和肉紋（纖維方向）交叉的方向斜斜入刀，這一刀會確立壽司料的厚度。接著在快切斷魚料前將斜放的菜刀打直呈直角方向垂直切下，這個動作又被稱為「返刀」或「利刀」等。由於使用的是單刃菜刀，可切出漂亮的稜角，此銳利的稜角又可使壽司的型態美更上一層樓。

當然，壽司料不僅要切得漂亮，不同魚種，甚或是同樣的魚種間，也會因季節或產地的因素產生肉質上的差異，切片的另一任務便是要視魚料狀況去調整切法。壽司師傅透過目視及手指觸及魚料的瞬間，就得判斷出魚料的油脂含量、軟硬度等狀態，再因應魚料狀態看是要切厚一點或薄一點，抑或是否需要切出隱藏切口。好比油脂不多、口感清爽的初鰹可以切厚一點，油花較豐的迴游鰹魚則切薄一點等等，這些決定都必須仰賴壽司師傅的經驗及直覺在剎那間就做出迅速的判斷。

鮪魚切片

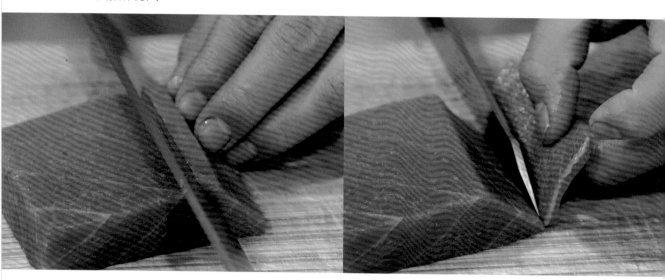

1　用柳刃菜刀的刀顎處入刀，菜刀方向與鮪魚肌理紋路呈交錯方向斜斜切入。

2　繼續拉切，在快切斷前將菜刀立起，轉成和砧板垂直方向切下。

象拔蚌切片

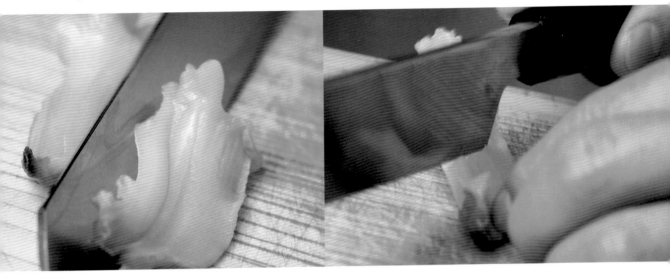

1 縱切成兩半再削切，要確保切好的每一片成品都
　 包含有顏色的蜷曲波浪狀部分。

2 用菜刀刀顎縱橫劃刀。

鯛魚切片

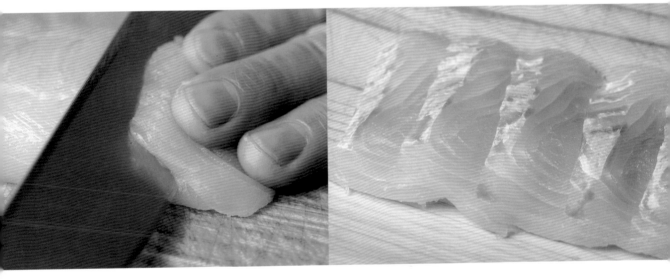

1 用菜刀以與肉紋（纖維方向）呈交錯方向斜斜切
　 入，入刀處會決定魚肉厚度。在快切斷前將菜刀
　 立起，轉成和砧板垂直方向切下。

2 依照要握的數量將壽司料排好。

握的分解動作 Movement of Shaping SUSHI

若要讓握壽司的一連串動作能順暢進行,最大的前提是各種準備必須要周全。是否能在客人點菜後迅速應對,不浪費任何多餘動作,以最高效率在最短時間內握出滋味好、形狀美的握壽司,全靠事前的準備工作。

壽司飯、白飯、山葵、壽司醬油(NIKIRI)等必需品要置於手邊方便拿取的固定位置,抹布也必須整齊疊好以備隨時維持板場(調理空間)的清潔。抹布要事先用手醋打濕後用力擰乾。手醋由幾乎等比例的水及醋所調成,是製作壽司時為了

將裝有山葵的盤子朝上放好,抹布疊好置於手邊。切好的壽司料置於以身體中心為基準稍微偏左前側處,站好完成準備姿勢。

用右手中指指尖沾取少許手醋。

防止壽司飯沾黏在手上用來沾濕手的液體。當檯
面濕掉或沾到油時就要趕快用抹布擦乾。握壽司
會經手很多生食食材，因此保持調理場所的清潔
亦是相當重要的工作之一。

用沾了手醋的中指去沾濕左手掌，再合起右手
掌，打濕左右手掌。

用右手自飯桶中取出一個握壽司量（壽司飯的重
量除了蝦以外約為12g，軍艦卷為11g，蝦的話標
準約為8g）的壽司飯，像在手中輕輕滾動般握出
大致形狀。同時用左手大拇指及食指指尖夾起壽
司料的一端，置於手指第二關節附近處。

壽司料依然擺在手指第二關節附近處，同時用右
手中指到小指的三根手指握起壽司飯。

用右手握起壽司飯，再將左手放到安定的位置。

依然用右手握著壽司飯,再用右手食指拿取山葵。

將托著壽司料的手指稍微放鬆彎曲一點點,再將山葵放至壽司料中央。

將壽司料放至壽司飯上。若量太多此時可調整份量。

用左手大拇指用力壓一下壽司飯正中央。再將右手食指和中指伸直壓一下壽司飯上方。

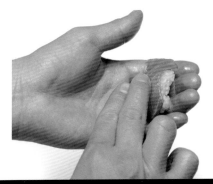

用伸直的右手食指和中指輕壓壽司，朝右手指尖方向滾動壽司，將壽司料轉成朝上方向。

右手食指和中指伸直壓住壽司料上方。此時要運用左手背和手指輕輕固定住壽司左右兩側。

用右手順時針轉動壽司。　　　　　　　　　　　用右手大拇指和中指去壓壽司左右兩側。

用右手食指壓一下壽司上方。　　　　　　　　　　用右手順時針轉動壽司。

用右手大拇指和中指去壓壽司左右兩側。

在出給客人前先置於砧板上針對形狀做最後調整。

如此便可握出飯粒間包有空氣，米粒形狀完整又
鬆軟的握壽司。

壽司
SUSHI

跨越國界，壽司現在已成了廣受世界各地喜愛的料理。
不僅出現了稱為壽司主廚的廚師類別，種類也日益廣泛，
許多華麗且特殊的壽司料於焉登場。
但就算時代再怎樣遷移變化，
握壽司和壽司卷等運用自古傳承下來的技術、由壽司「匠人」
所製作的傳統日本壽司雖然形式簡單，仍散發出凜然的存在感。

壽司會展現出握的人的個性。「壽司高橋」的高橋潤會將壽司料放在單手的手指上，再用另一隻手的手指拿取壽司飯，乍看之下彷彿只是合起左右手輕柔地將手放上去而已，但轉眼間壽司就已然成形放在吧檯上了。個頭偏小但形狀端整，握得很紮實，就算放置一段時間後形狀也不會塌掉，但一入口壽司飯便立刻會在口中散開。捏大腹肉這種油花多的魚時會搭配溫度稍高的壽司飯，若是鯛魚或比目魚油脂偏少的魚則會用溫度較低的飯，因此會改變壽司飯在飯桶中的位置以微調飯的溫度，並用指尖的經驗一邊感受飯的溫度一邊去握。經他將壽司飯和魚料搭配在一起後，每一個成品的特徵都非常強烈，給人留下相當深刻的印象。這便是高橋師傅的功夫所達到的「當下」之型態。就算如此，高橋師傅本人表示之後說不定還會再持續變化下去。這是因為壽司不僅是將生魚片放在飯上握好的料理，而是各種技術、知識、經驗交互累積出的結晶之故。

雖然只是將壽司料放在壽司飯上握成壽司的簡單作業，

但無論外型、口感、味道都可鮮明展現出握的人的個性，

這正是壽司的魅力及醍醐味。

以下介紹「壽司高橋」的高橋潤師傅的握壽司，

並附上高橋師傅本人的解說。

鯛魚(鯛)

TAI / Sea Bream

真鯛身姿造型美麗，色澤鮮艷，滋味富有層次，無論就哪點來說，稱為魚中之王皆當之無愧。本店只有二月至四月的初春時期會供應真鯛。這個時期的真鯛肉質很有彈力，雖然剛進貨時咬起來會硬硬脆脆的，但在花時間熟成後可轉化成入口時幾乎和醋飯融為一體的口感，油脂含量亦十分適中。熟成方法為切下魚頭，保留下巴部位後真空包裝，再埋到冰裡。根據體型大小之別所需熟成期間亦會不同，若重約4kg的真鯛大約需要冷藏5~6日。熟成後的當季鯛魚口感甘甜，做成握壽司時會沾醬油，但若當作小菜時，有時只需佐鹽食用即可。

比目魚(鮃)

HIRAME / Left-Eye Flounder

比目魚是冬季白肉魚的代表魚種。特別是寒冷時節所捕獲的寒比目魚，其魚皮下的油脂恰到好處，香氣也十分優秀。獨特的口感加上若有似無的甘甜，滋味極富層次，是吃起來非常高雅的魚肉。過去曾屬於東京灣也可捕得的江戶前魚種，但現今東京灣已不復見，市面上流通的多為青森縣或福島縣的常磐附近出產的比目魚。比目魚由上方看可分為黑色魚身以及另一面的白色魚身，兩側的肉質並不相同。黑色側的肉較厚、具有彈力，白色側的脂質則稍多，也可取到較多鰭邊肉的部分。每家壽司店有自己的喜好，所選用的部位不盡相同，本店進貨時是選用白色側的魚肉。熟成的方法為將買到的半身比目魚肉連著下巴部位放入裝有冰塊的保麗龍盒中3至4天使其熟成。有時也會用昆布締處理。

幼鯛魚(春子)

KASUGO / Young Sea Bream

一如其名「春之子」所示，「春子鯛」指的是春天出產的鯛魚幼體，為真鯛、赤鯮（黃鋤齒鯛）❶、赤鯮（黃背牙鯛）❷等體長約15cm左右的幼魚總稱。不只是名字有春字，其淡粉色似櫻花的魚肉也讓人感受春意盎然。由於魚肉柔軟，食用時會連皮食用，因此並非歸為白肉魚而屬於亮皮魚類。春子鯛體型較小，一定要選擇新鮮者來用。進貨後立刻在魚皮上澆淋熱水（霜降法）燙過。燙過後的幼鯛魚可帶皮直接食用，一併享受魚皮的香氣及滋味。春子鯛肉質柔軟、滋味清爽，還可感受到季節感。握時會夾入醋魚鬆。

---

❶ 學名*Evynnis tumifrons*，黃鋤齒鯛，日文為チダイ，台灣一般稱赤鯮，日文漢字作血鯛，但和台灣所稱的血鯛（紅鋤齒鯛）不同種。又稱黃鯛、赤章。

❷ 學名*Dentex tumifrons*，黃背牙鯛，日文為キダイ，台灣一般亦稱赤鯮，日文漢字作黃鯛，又名赤章、連子鯛。

鰈魚(鰈)

KAREI / Right-Eye Flounder

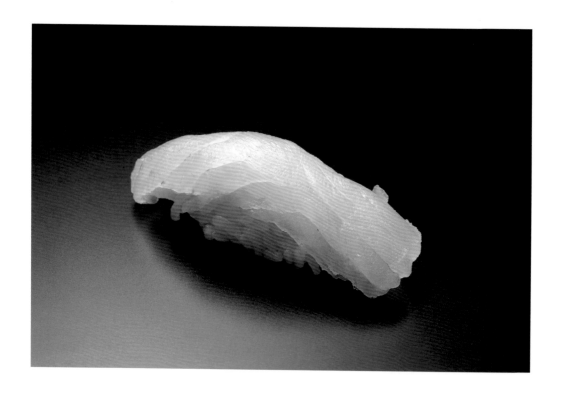

鰈魚是夏季白肉魚的代表魚種，包括星鰈和真子鰈。星鰈的漁獲量很少，甚至被稱為夢幻之魚。店裡主要使用真子鰈。真子鰈的特色是魚肉緊實，非常有彈力，因此必須熟成後使用。熟成時連著下巴部位放入裝有冰塊的保麗龍盒中3至4天使其熟成。有時也會用昆布締處理。

鮪魚／中腹肉(中トロ)

CHUTORO / Medium Marbled Tuna Belly

鮪魚被稱為江戶前壽司的主角,而鮪魚當中,「中腹肉」油脂含量適中,其紅肉與漸層的油花相互輝映,外觀十分美麗,口感滑順入口即化。隨著季節不同產地也有所不同,最棒的鮪魚為九至十二月間在近海捕獲的黑鮪魚。其肉質充滿了力量,要放置冰箱10天到2星期左右使其熟成方能帶出其鮮味。決定鮪魚美味的關鍵全賴進貨的魚貨及熟成。每次進貨都必須找信任的鮪魚業者討論,怎樣的魚肉狀態該熟成多久,都要商量後才能決定。不過,若魚肉本身不好,就算再怎樣精心熟成也不會好吃。魚肉美味與否必須從魚肉的含水量、硬度、油脂含量去判斷,我個人的感覺上,比起色澤鮮豔者,顏色稍微黯淡一點的鮪魚鮮味反而更強。

鮪魚／大腹肉(大トロ)

OTORO / Premium Marlbled Tuna Belly

大腹肉的油脂含量相當高，可和霜降牛相匹敵，入口瞬間沾舌即化，融化後在口中會留下濃郁圓融的鮮味縈繞不去，可說是最頂級的壽司料。但就算同樣是大腹肉，因切片部位不同，吃起來的味道及口感還是會有所差異。大腹肉可分成霜降部位、較多筋的部位，以及介於二者間的部位，雖然每個人喜好不同，但我推薦大家吃大腹肉時一定要品嘗一下筋部的柔軟口感。話雖如此，進貨時也不可能只進這個部位，因此基本上在處理時，還是會配合客人的喜好去分切柵塊。切片時，霜降部分較有嚼勁因此會稍微切薄一點，肉質較柔軟處則會切得較厚。搭配鮪魚的醋飯會用溫度較高可適度融化油花者去握。

鮪魚／赤身(赤身)

AKAMI / Lean Tuna

過去赤身可說是壽司料鮪魚的代名詞，如今其主角光環已完全
被腹肉所奪走。然而其濕潤又細緻的肉質以及帶有淡淡鐵味
的多層次鮮味是腹肉或者其他魚肉無法取代的獨特美味。赤身
的不同部位之咬勁和味道也會大相逕庭，因此不同部位會有各
自的運用方式。頂部靠近血合的部位肉質較軟且滋味濃厚，可
直接使用，靠近中腹肉的地方較多筋，是較有嚼勁的部位，視
情況會做成漬鮪魚後再供應給客人。我覺得赤身和其他鮪魚
部位一樣，比起外觀呈鮮豔紅色者，反倒是顏色稍微偏紅黑色
較黯淡者的鮮味較為強烈。

漬鮪魚(漬け)

ZUKE / Marinated Tuna

將鮪魚赤身部位用壽司醬油醃漬而成的漬鮪魚是沒有冰箱的時代所發明的工法，醃過的漬鮪魚肉質緊緻，醬油滲透入味後鮮味十足的滋味非常受歡迎。漬鮪魚會選用赤身中筋較多較有咬勁的部分來製作。要握前將赤身切片用壽司醬油醃漬10分鐘後，用廚房紙巾輕輕拭去壽司醬油，握好後再刷上一層壽司醬油後即可上菜。雖然醃漬時間不過短短10分鐘，就可營造出濕潤的口感。

鰹魚(鰹)

KATSUO / Bonito

鰹魚一年有兩次產季,有春天的初鰹和秋天的洄游鰹魚。洄游鰹魚油脂和香氣皆較盛,春天的初鰹則帶有適中的油花及細膩的香氣。無論是哪一種鰹魚,都會先用稻草燻烤過表面後再握。初鰹的香氣很細膩,因此不用烤那麼久,要小心不要讓稻草的香味蓋過本身的香氣。直接吃雖然就很美味,但搭上和鰹魚很合的蔥或生薑可創造出更清爽的味覺享受。

沙丁魚(鰯)

IWASHI / Sardine

夏天到秋天產的沙丁魚，特別是北海道所產的沙丁魚美味極
了，油脂含量豐富、入口即化，可享受到獨特的香氣和咬勁。
沙丁魚最重要的就是鮮度，基本上進貨當天就要用完，但若進
到當令的優質沙丁魚，有時在熟成一天後整個魚肉彷彿會脫胎
換骨。具體來說，熟成後的沙丁魚的油脂和鮮味會均勻分布在
全身，入口的瞬間就會融化在舌尖。雖然大家對沙丁魚的印象
多為價格平實的大眾魚，但每年價格都在上升，可說是讓壽司
店頭痛不已的棘手魚種之一。

白魽(縞鯵)

SHIMAAJI / White Trevally

白魽❸魚肉帶有淡淡粉紅，是非常美麗的壽司料。夏天產季來臨時的野生白魽漁獲量很少，價格高昂，十分珍貴。優質的白魽油脂豐富、口感濕潤，入口後甘甜會在舌尖擴散開來。整隻魚進貨後要進行熟成。雖然剛捕獲的新鮮狀態也非常好吃，但口感太有彈性和醋飯不搭，故要放置數日讓魚肉軟化。白魽在熟成過程當中有時會突然出油，因此要非常小心。

❸ 學名*Pseudocaranx dentex*，黃帶擬鯵，又有縞鯵、條紋鯵、甘仔、瓜仔、縱帶鯵等名稱，可看出不管中文名的「帶」、條紋或日文的「縞」，都源自其體身上顯眼的黃色縱帶。台灣一般稱呼為甘仔魚，但要注意的是在台灣尚有其他數種鯵類皆被稱為甘仔魚。而台灣壽司店或者魚貨商則常稱白魽、白甘或縞鯵。

竹筴魚(鰺)

AJI / Horse Mackerel

有一說，竹筴魚的「AJI」之名得自「味」（AJI），竹筴魚的美味可見一斑。夏季適逢產季的竹筴魚鮮味隨著油脂含量增加，肉質紮實，厚度也很厚。產季很長，會自五月中旬持續到初秋，雖然在這期間會用到來自各個產地的竹筴魚，我最喜歡的還是夏天鹿兒島縣出水所產，油脂豐富的竹筴魚。竹筴魚是壽司店相當受歡迎的壽司料之一，有很多人就算不敢吃亮皮魚，但很不可思議的是卻可接受竹筴魚。竹筴魚的油花適中，口感柔軟，我認為竹筴魚或許是亮皮魚中和醋飯最搭、接受度最高的魚。可搭配細香蔥混合生薑而成的綠色配料食用。

鰶魚／小鰭(小肌)

KOHADA / Gizzard Shad

說到江戶前功夫，就不得不提到小鰭❹。小鰭的成魚鰶魚可說是為壽司而生的魚，不僅和醋是絕妙組合，其身姿外型亦和壽司搭配得天衣無縫。店家可控制醋漬程度及運用各式各樣的裝飾刀法來呈現不同的風貌，透過小鰭能展現出每家店的個性。醋漬時必須視魚的大小、油脂含量去調整鹽和醋的比例及熟成的狀態。若醃漬得太過頭，吃起來口感會散散的，若醃漬不足，醋和魚則無法融為一體。剛泡到醋裡的魚肉會發白，嘗起來只有醋的酸味，但漸漸地油脂會擴散到整體，魚肉開始變黃，到了某個時間點，酸味會轉化成鮮味。一般來說大概會醋漬個三天，但每條魚所需時間不同，必須每天去確認魚的狀態。

❹ 學名*Konosirus punctatus*，又稱窩斑鰶，扁屏仔、油魚、海鯽仔。屬於在生長各階段名稱會有所不同的出世魚。Kohada指的是長約10公分左右的幼魚。鰶魚日文為「コノシロ」音同「この城」，因諧音會聯想到城池被燒或被吃掉，被武士認為是不吉利的魚。此外，鰶魚亦常見於供應給切腹前武士的餐食，因此又被稱為「切腹魚」。

各種小鰭裝飾刀法

小鰭肉質緊實,切口外觀十分俐落,因此可在表面切出各式裝飾刀
呈現不同風姿。本店做法為縱切出三道切口。

鯖魚(鯖)

SABA / Mackerel

本店雖會將鯖魚醃漬後使用，但只選用油脂含量豐富的寒鯖，因此鯖魚握壽司只會在冬季菜單上出現。將鯖魚迅速處理後，先用砂糖灑滿全身去醃30分鐘，之後撒鹽放置2小時，最後再用醋醃漬而成。醋漬的方式為先用加水稀釋過的醋水醃一下，之後再浸泡至生醋中醃漬。雖說要視鯖魚大小而定，一般來說會先在醋水裡泡3分鐘，接著再用醋醃漬約30分鐘。醃好後先用保鮮膜，再用鋁箔紙包起冷藏三天。因魚肉質地及油脂含量不同，必須每天去確認魚肉的狀態，但魚肉狀態好壞只能靠去除腹骨時所看到的魚肉質地去判斷，故全憑經驗和直覺。

水針(細魚)

SAYORI / Halfbeak

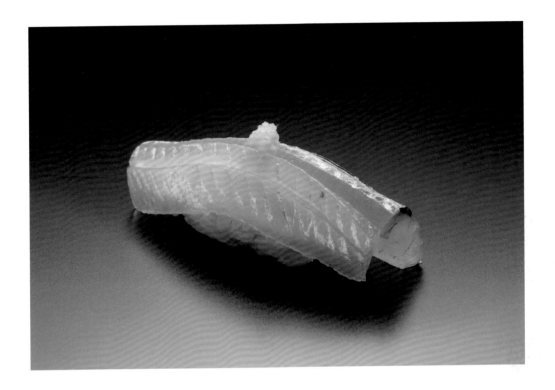

魚肉呈半透明的水針⑤具有細膩的美感，滋味雖清淡，但有著縈繞在舌尖的綿密口感以及甫入口便擴散於口腔內的香氣，是相當優雅的壽司料。產季為冬天尾聲至初春，因此亦被認為是報春魚。外型優美，魚肉也很適合精巧的雕飾，自古便受到師傅們的喜愛，無不費盡功夫去處理之。體型特別大的水針被稱做「貫木⑥」，本店只使用這種貫木水針。雖然貫木等級的水針價格會三級跳，但其滋味的豐富層次遠勝其價格。題外話，貫木之名得自雙開門關門時所使用的門閂。握好後放上生薑，偶爾也會改放魚鬆。

⑤ 學名*Hemirhamphus sajori*塞氏鱵，一般稱細魚或水針魚。

⑥ 日文稱かんぬき。

象拔蚌(本海松貝)

HONMIRUGAI / Gaper

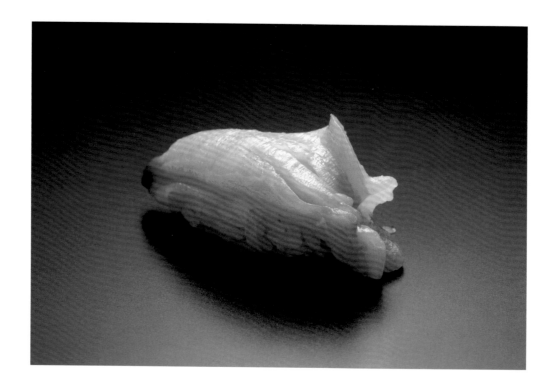

象拔蚌₀₇，別名是海裡的松茸，不僅口感富有嚼勁，其逼人的香氣更是絕品。在貝類中可說是最彈牙的，因此握時要確實將醋飯握緊，讓壽司料和醋飯的口感吃起來很平衡。雖然象拔蚌看起來很大，實際上一顆象拔蚌能做成握壽司的可食用部分也只有兩三人份。最近很難買到，價格也相當高。

---

07 學名*Tresus keenae*。現在一般餐廳所見的象拔蚌通常是太平洋潛泥蛤Panopea generosa或日本潛泥蛤Panopea japonica。

赤貝(赤貝)

AKAGAI / Ark Shell

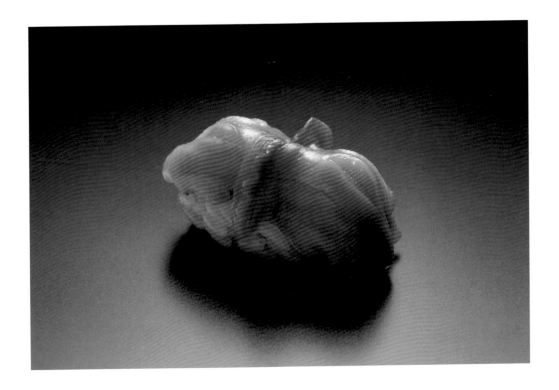

赤貝❸身姿綽約，富有海潮香氣，是相當受歡迎的壽司料。本店所用的赤貝來自赤貝的知名產地仙台的閖上。由於希望使用新鮮的赤貝去握，因此不買剝好殼的產品而是帶殼的赤貝，進貨後必須一顆一顆剝殼再處理。只要稍微劃上幾刀再於砧板上拍一下，赤貝肉便會綻放出美麗的弧度。貝肉部分做成握壽司，外套膜部分則可做成壽司卷。

❸ 學名*Anadara broughtonii*，血蛤。

鮑魚(鮑)

AWABI / Abalone

為了要充分發揮鮑魚的鮮味、香氣以及口感的優勢，用的是煮鮑魚。鮑魚的產季在夏天，五月底時看到房州產的鮑魚就知道鮑魚季開始了。鮑魚的雜質很多，去殼將鮑魚肉取出後要先撒鹽用鬃刷搓洗。搓洗後放入上一次煮鮑魚剩下的煮汁中加水用小火慢慢燉煮約4小時。鮑魚含有豐富膠質，因此煮汁一旦冷卻就會凝固。優質的鮑魚煮過後會散發出甘甜的栗子香氣。握好後塗上加了鮑魚肝和蛋黃調成的醬汁。

貝柱(小柱)

KOBASHIRA / Adductor in Round Clam

小柱有著Q彈的口感和咬勁,越咬越香甜,帶有青柳特有的濃郁香氣,適合做成軍艦卷。近來青柳產量急遽減少,貝柱也變成了難以取得的高價食材。由於希望客人能品嘗到貝柱豐富的滋味,因此雖然價格高昂,本店依然會盡量選用較大粒的貝柱。

日本鳥尾蛤(鳥貝)

TORIGAI / Cockle

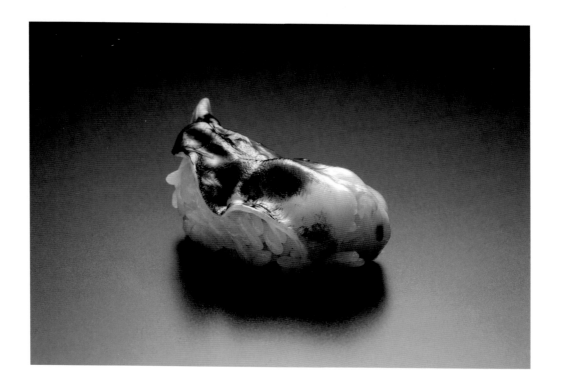

日本鳥尾蛤⑩約三月開始上市，是可讓人感受到春意的食材。肉質柔軟卻有彈性，吃起來帶有甘甜。產季只到五月相當短暫，其黑色富光澤的俐落身姿十分美麗，是許多愛好者每年引頸翹望的食材之一。使用的是自市場買來已剝好的日本鳥尾蛤。進貨時要選擇貝殼中內臟部分較大者。

⑨ 學名*Fulvia mutica*，漢字鳥貝，因食用部位之足部形似鳥喙以及味道似雞肉而得名。

文蛤(蛤)

HAMAGURI / Cherry Stone Clam

澎軟的煮文蛤是自古以來就備受喜愛的江戶前傳統壽司料之
一。產季為冬天到春天，要在文蛤進入產卵季前進貨。在市
場可買到已經剝好的文蛤，因此可以挑選蛤肉大小，本店主
要使用產自茨城縣鹿島的文蛤。為了維持澎軟的口感，放入
用水、醬油和味醂調成的煮汁中後，開火慢慢升溫去煮。讓溫
度保持在50~60℃左右，慢慢煮約30分鐘將文蛤煮熟。煮好後
連同煮汁一起放置約一天使其浸漬入味。握好後再刷上醬汁
（NITSUME）。

墨魚(墨烏賊)

SUMIIKA / Cuttlefish

又稱花枝。通透的白色墨魚產季為冬天到初春，但到了晚夏時節可看到墨魚的幼體新烏賊上市，口感柔軟，滋味高雅，每年都讓人期盼不已。本店主要進的是九州產的墨魚，並會盡量選擇肉身厚實者。處理後放冰箱冷藏一天熟成使肉質柔軟。切片時一般會縱切出三道刀痕，若肉較厚，有時也會增加切口數。

軟絲 (障泥烏賊)

AORIIKA / Bigfin Reef Squid

口感濃郁又濕潤，肉質具彈性，甜味和鮮味皆很強烈，被稱為烏賊之王。國內的漁獲量很少，因此國產的軟絲被視為最高級品。軟絲因為體型很大，肉質緊實偏硬，處理後必須冷藏約一星期以上使其熟成。放置一段時間後甜味漸漸會出來，滋味會變得濃郁，肉質也會軟化。等到肉質變得和醋飯差不多柔軟時就代表熟成已經完成。為了讓客人享受到烏賊特有的甜味，要多劃幾刀增加吃時與舌頭的接觸面積再去握。

章魚(蛸)

TAKO / Octopus

好的章魚肉質非常有彈力，一壓下去就知道。買入約2kg的章魚，將活章魚放入碗中用大量的鹽持續搓揉30~40分鐘。持續用力搓揉到章魚的黏液轉為清爽的液體時，就可以結束搓揉。之後再慢慢蒸煮約1小時左右。冬天的章魚肉質厚實、吃起來更加美味，特別是帶皮處特別好吃，皮和肉之間有很多膠質，滋味十分濃郁。

甜蝦(甘海老)

AMAEBI / Sweet Shrimp

甜蝦擁有濕潤且綿密的口感及濃郁的甘甜,在店裡也
相當受歡迎。處理時用手去除蝦頭,一尾一尾剝除自
足部到背部的蝦殼,只留下蝦尾的殼。雖然甜蝦的鮮
度下降得很快,但為了要突顯出更強烈的甜味,要先
冷藏一晚使其熟成後再供應。

牡丹蝦(牡丹海老)

BOTANEBI / Spot Prawn

牡丹蝦的身姿宛若牡丹花般美麗,是一年四季皆可吃到的食材。若太新鮮,肉質吃起來會太脆,因此要先放冷藏一晚,甚至有時要稍微冷凍一下後再使用,如此可軟化肉質,吃起來口感較濕潤。灑點鹽和德島酸橘汁可讓牡丹蝦吃起來更加清爽,有時也會用昆布締等手法去處理。

明蝦(車海老)

KURUMAEBI / Prawn

連同濃郁的蝦膏一起握。為了讓成品呈半生熟狀態，用竹籤串著放入熱水中燙約1分鐘左右即可。要握前再加熱一下，在蝦是熱的狀態下去握。醋飯的溫度要略高以配合蝦子的溫度，但用量要稍微減少。一般來說會用到12g醋飯，但握明蝦時只要用到8g。店裡的明蝦是向信任的賣蝦業者進貨，整年的供貨皆很穩定，是非常珍貴的食材。

蝦蛄(蝦蛄)

SHAKO / Mantis Shrimp

以前東京灣就可捕獲，因此是江戶前傳統壽司料之一。浸泡於煮汁中使其入味，再塗上醬汁（NITSUME）即成。五至六月的抱卵蝦蛄最是美味。醃漬過的蝦蛄因帶有水分，加上蝦蛄本身蜷曲的弧度，故並不好握，在握之前要用手掌輕輕壓一下，讓蝦蛄和壽司飯更容易結合。

鮭魚卵(いくら)

IKURA / Salmon Roe

鮭魚的卵巢（筋子）只有在盂蘭盆節過後到十一十二月左右才買得到，因此店裡只會在這個期間醃漬鮭魚卵並供應給客人。用手剝開鮭魚卵巢，浸泡在偏濃的鹽水當中後用篩網下去輕輕晃動，如此便可將外皮去除乾淨，露出大顆的鮭魚卵。之後再放入壽司醬油中醃漬5分鐘左右。為了不讓醬油的味道太入味，一定要嚴格監控時間。除此之外，當天醃漬的鮭魚卵一定要在當天就用畢。

海膽(雲丹)

UNI / Sea Urchin

海膽美味與否完全取決於進貨品質。海膽業者的明礬用量以及處理手法等處理技術會改變海膽的味道,因此最重要的是要找到信賴的合作夥伴。將海膽做成軍艦卷,濃郁的海膽和烤過帶有焦香的海苔吃起來宛若天作之合。若買到大顆的海膽,不要做成軍艦卷,也可放在醋飯上不要用海苔直接去握。

星鰻(穴子)

ANAGO / Conger Eel

星鰻的產季為初夏到秋天，但我認為梅雨時節所產，被稱為梅雨星鰻的星鰻油脂最豐富，吃起來最美味。好吃的星鰻魚腹的顏色偏黃，魚頭偏小。將星鰻確實處理後加入煮汁煮約25~30分鐘，要握之前再稍微炙烤出焦香，最後再塗上醬汁（NITSUME）。在星鰻最美味的時期，也可以不要刷醬汁，灑點鹽就可上菜。

玉子燒（玉子焼き）

TAMAGOYAKI / Japanese Omelet

玉子燒大多是最後用來收尾的菜色，因此為了要讓客人留下深刻的印象以及展現本店的特色，經過了無數失敗的嘗試後，才研發出現行的烤法。將加入蝦漿的玉子燒液倒入玉子燒鍋中，使用瓦斯及炭火兩種不同的熱源烤成。如此可烤出具有像卡斯提拉般濕潤且一部分呈布丁狀的獨特口感及風味的玉子燒。

玉子燒鍋二三事

玉子燒鍋按照熱傳導率（代表熱傳導容易與否之數值）由大到小依序排列如下：銅製、鋁製、鐵製、鑄鐵製、不鏽鋼製、陶瓷製。

銅製　壽司店最常選用的玉子燒鍋便是銅製玉子燒鍋。這是因為銅為下列五種金屬中熱傳導率最高之故。玉子燒鍋的底部有直接接觸到瓦斯火源和未直接接觸的部分溫度差異相當大。直接接觸火焰的地方溫度非常高，此處的玉子燒很容易烤焦。底部的受熱不均會導致玉子燒的烤好程度不均。若鍋子的熱傳導率較高，代表熱傳導的速度較快，因此底部溫度會比較均勻，不容易發生烤焦的狀況，再加上玉子鍋燒整體的溫度也會較均勻，可以用均一的溫度去加熱玉子燒液。但銅不耐酸蝕容易生鏽，需要細心維護。

鋁製　鋁製品重量輕且熱傳導率亦高，特色是不容易烤焦。但由於不耐酸及鹽分，表面通常會有塗層。

鐵製　非常結實，有一定重量的鐵鍋可儲蓄熱能，因此鍋的溫度可變得均一。只要在倒入玉子燒液前充分加熱鍋子，倒入冷的玉子燒液後，由於鐵熱傳導率較小，鍋子溫度不易下降，因此可立刻將熱能傳導至玉子燒液。但也因此，等到玉子燒中央都熟透時，外側的玉子燒會烤得比較過頭，完成的玉子燒表面較硬。若油沒有鋪平整個鍋子會容易沾黏，因此加多點油比較安全。此外，鐵鍋容易生鏽，需要細心維護。

鑄鐵製　鑄鐵又稱南部鐵。鑄鐵和鐵的性質相近，但重量又較鐵鍋更重，因此能儲蓄更多熱能。鑄鐵的熱傳導率較鐵還要小，因此就算倒入冷的玉子燒液，鍋子的溫度也不會下降，等到玉子燒中央都熟透時，外側的玉子燒烤得過頭的狀況較鐵鍋又更為顯著，完成的玉子燒表面較硬。由於鑄鐵表面不平整，和玉子燒液的接觸面較少，較不容易烤焦，但缺點是鍋子重量非常重。

不鏽鋼製　和鐵製的鍋相比，較不容易生鏽。不過由於熱傳導率相較之下較小，底部的溫度差異很大，很容易烤焦，用時要十分小心。此外，直接接觸熱源的底部和側邊的熱傳導方式有所差異，需要一定的功夫才能將大量的玉子燒液烤成均勻狀態。為了防止燒焦，內側大多經過氟素塗層加工，此種鍋具的優點是不容易沾黏，清洗很方便。

陶瓷製　非常堅固壽命也很長。不過熱傳導率並不佳，和不鏽鋼鍋一樣，需要下一番功夫才能烤出狀態均勻的成品。

細卷／瓠乾卷
（細巻き／かんぴょう巻き）

Thin Roll of MAKIZUSHI

海苔卷和玉子燒一樣，是相當受到歡迎的收尾菜色，
擁有和握壽司有著不同的魅力。
小黃瓜卷、鐵火卷、星鰻卷、新香卷、赤貝黃瓜卷……
店裡有多少種壽司料，就可以做出多少種壽司卷。

關東稱為「海苔卷」，關西則叫做「壽司卷」。但關西稱為壽司卷的壽司指的其實是
「粗卷壽司❿」（請見244頁），關東雖統稱為「海苔卷」，但又可以粗細再分成「粗卷
壽司」及「細卷」。不僅是稱呼不同，關東關西針對海苔的處理方式亦不相同，關東會
將海苔烤過再用，關西則不會烤過。

壽司卷的製作程序十分簡單，只是在捲簾上放上壽司飯和料捲起即可。然而實際操作時
的難度很高，好比說壽司飯很容易沾黏到手掌、將飯鋪平在海苔上時海苔容易移位或者
破掉、一切開發現壽司料位置歪掉或者變形，又或者鋪飯時壓得太用力，導致捲出來的
壽司卷吃起來太硬等等……。為了做出切面美觀，以及和握壽司一樣入口便會在口中散
開的口感，壽司師傅們必須經過反覆訓練才能捲出漂亮的壽司卷。

海苔一片可捲成一條壽司卷。壽司卷用的海苔規格是固定的，粗卷壽司等用的海苔大小
約190mm×210mm，將它切半後約95mm×210mm的海苔則可用於細卷。

細卷的切法自古便約定俗成，除了小黃瓜卷外，鐵火卷、新香卷等都是切成六段。瓠乾
卷在二戰前一般都切成三段，但因為兩個人分會剩下一個，所以後來改為切成四段。不
過，直至今日依然有堅持「瓠乾卷就是要切三段」的壽司師傅。

---

❿ 台灣常見名稱為太卷及大卷。

捲簾有分正反兩面。將竹子呈平滑的正面朝上，有綁繩的那端朝靠自己較遠處放置。將海苔（90×180mm）置於最靠自己手邊這端的中央位置，再放上壽司飯輕壓將飯攤平。壽司飯不要鋪滿整片海苔，要在靠自己較遠的那端預留捲起後重疊的部分。於中央處放上瓠乾。

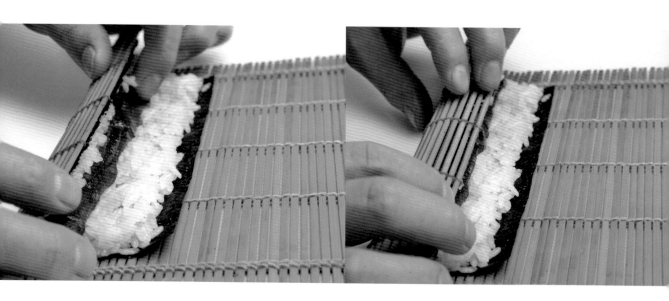

1　提起捲簾，注意不要讓海苔歪掉。

2　拉緊捲簾，對準靠自己較遠處預留的海苔下緣，將壽司飯捲起。

3 緊緊壓下固定形狀。

4 拿掉捲簾，修整兩端形狀。切成三段（傳統瓠乾卷）或者四段（瓠乾卷）。

粗卷壽司 Thick Roll of MAKIZUSHI

若要說粗卷壽司屬於關東還是關西壽司，基本上粗卷壽司算是關西壽司的
代表性壽司。

據說原本製作的目的並非是在店內食用，而是讓客人外帶的伴手禮。

以往的粗卷壽司放的料大多是高野豆腐、香菇、瓠乾及鴨兒芹，

現在也有加了玉子燒及海鮮等豪華的粗卷壽司。

若說握壽司為關東壽司的主流，那關西的代表性壽司就是箱壽司、壓壽司以及壽司卷，
也就是粗卷壽司。至於原因，有一說是因為和大阪京都寺廟很多，壽司的發展和佛教儀
式息息相關之故。實際上，以往的粗卷壽司料基本上用的也都是高野豆腐、瓠乾、鴨兒
芹及香菇這類精進料理用的蔬食食材。

漸漸地，高野豆腐被玉子燒取而代之，現在放玉子燒的粗卷壽司反而才是主流，更加豪
華的粗卷壽司還會加入蝦子、魚鬆、星鰻等食材。雖然都稱粗卷壽司，但每家店做法皆
有所不同，包括放的食材或者要捲成の字形還是圓形、方形等。

捲簾有分正反兩面。將竹子呈平滑的正面朝上，有綁繩的那端朝靠自己較遠處放置。使海苔（190mm×210mm）較長的那一側和竹片平行放置。再放上壽司飯，輕壓將飯攤平。壽司飯不要鋪滿整片海苔，要在靠自己較遠的那端預留捲起後重疊的部分。若希望捲起後料會位於正中央，可以如照片由下而上依序排放煮星鰻、明蝦、甘煮香菇、小黃瓜、玉子燒、瓠乾。

1 　用手指壓著會成為壽司卷芯部的料，再用手提起
　捲簾。由於料很多，因此捲時要確實地將料一起
　捲起。

2 　一口氣朝向另一端的壽司飯的方向去捲，調整捲
　簾的位置，一邊將海苔連同飯和料朝自己手邊方
　向拉緊。

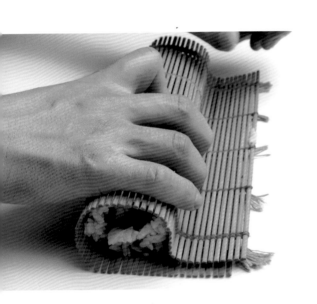

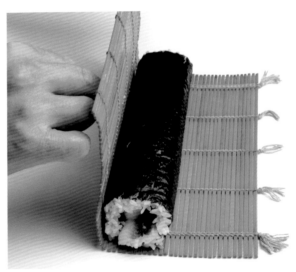

3 捲動捲簾，將海苔整個捲起。用左手調整成圓
形，再將整個壽司卷向前轉動一圈。

4 拿掉捲簾，修整兩端的形狀，再分切成九片，切
時注意不要壓壞形狀。

「壽司高橋」的壽司卷　SUSHI Roll

基本上只要是店裡有準備的壽司料，

就能應客人需求做成壽司卷。

以下就由「壽司高橋」的高橋潤來解說他的壽司卷。

瓠乾卷
KANPYOMAKI /
Dried Gourd Shavings

雖然外表樸實無華，瓠乾卷卻是江戶前的代表性壽司卷，而其成敗端看煮的功夫。必須經過仔細地處理，再用偏重的砂糖與醬油烹調入味，做出的成品偏甜，和本店的壽司飯吃起來非常地搭。以往瓠乾卷內不會放山葵，但近來的主流是會添加山葵。本店會詢問客人喜好以決定是否添加山葵。

小黃瓜卷
KAPPAMAKI / Cucumbers

吃起來滋味單純又清爽的小黃瓜卷是很適合用來收尾的一道菜。將切成細絲的小黃瓜捲起時會包入適度的空氣感，吃起來口感恰到好處。芝麻會在店裡炒過，如此一入口芝麻的焦香便會在口中擴散開來。

赤貝黃瓜卷
HIMOKYU / Mantle of the Ark shell and Cucumbers

小黃瓜的清香可以更加襯托出赤貝外套膜所帶的微苦及礦物質滋味。擁有外套膜彈牙的口感和小黃瓜爽脆的口感，是可享受到兩種對比口感的壽司卷。

鐵火卷

TEKKAMAKI /
Tuna

必須視當日赤身的部位去調整厚度，若油脂較多的部位就切薄一點，較少的部位則切成較厚的條狀再做成壽司卷。

蔥花鮪魚卷

NEGITOROMAKI /
Tuna and Green Onion

由當日的鮪魚腹肉所做成，和蔥花一起剁碎後混合而成。某些時候用的可能是大腹肉，是相當奢侈的細卷。為了讓客人品嘗到鮪魚腹肉的口感，剁時不會剁太碎。蔥花用的是香氣優異的「千壽蔥」。千壽蔥是江戶當地的蔬菜，香氣和甜味皆很強烈，可烘托出濃郁的鮪魚滋味。

新香卷
OSHINKOMAKI /
Daikon Pickled

新香卷的料用的是無菜單料理的配菜——麴漬蘿蔔⑪。為了稍微削弱麴漬蘿蔔獨特的味道，先稍微泡水後再用醬油和味醂去重新醃一下入味。如此便可營造出紮實的滋味，和壽司飯的酸味搭配後形成絕佳的平衡。

---

⑪ 日文為べったら漬，為東京代表性的漬物。「べったら」是由於醃過的白蘿蔔表面帶有米麴而呈黏滑狀故得名。

星鰻黃瓜卷
ANAKYUMAKI /
Conger Eel and Cucumbers

小黃瓜用的是口感爽脆的「姬黃瓜」切絲後做出的口感。用姬黃瓜切成的小黃瓜絲亦會用於其他壽司卷，吃起來清爽脆口，滋味清香，和焦香濃郁的星鰻非常地合。

紫蘇梅肉卷

UMESHISOMAKI /
Paste of Salted Plum and
SHISO Leaf

將大葉（紫蘇葉）置於壽司飯上，
再放上用鹹味溫和的和歌山梅乾
剁成的梅肉泥，撒上芝麻後捲起即
成。梅肉的酸味和清爽的紫蘇葉入
口後所帶來的清新後味甚受歡迎。

粗卷壽司

FUTOMAKI /
Thick Roll

將煮星鰻、明蝦、甘煮香菇、小黃
瓜、玉子燒、瓠乾依序放好捲起，
外圈為吃起來甘甜濕潤的料，中央
則是吃起來口感清脆的小黃瓜，營
造出從外圈吃到中央時不同的口感
及滋味。

細卷的切法 Cutting of Thin Roll of MAKIZUSHI

細卷的切法習慣上會切成四段或六段。

除了瓠乾卷切成四段外，其他都是切成六段。

傳統的瓠乾卷則是會切成三段。

切三段
傳統瓠乾卷

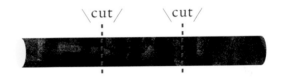

切四段
瓠乾卷

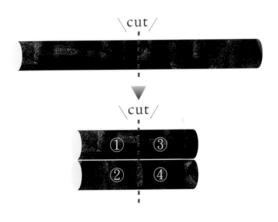

切六段
鐵火卷
小黃瓜卷
赤貝黃瓜卷
蔥花鮪魚卷
新香卷
星鰻黃瓜卷
紫蘇梅肉卷

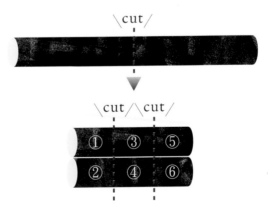

海苔 Seaweed

用高品質的海苔做成的壽司卷及軍艦卷
會散發出濃郁的海潮香氣及甘甜,
可和壽司料的鮮味及壽司飯的酸味水乳交融。
過去東京灣可採到很多紫菜,
因此自古以來海苔便是江戶前壽司不可或缺的食材。

海苔的原料為「甘紫菜[12]」等海藻,來源幾乎都是養殖,因產地及養殖方式不同,紫菜的外觀及味道也會有所不同。紫菜的產季在冬天的十一月至二月左右。此時期採收的紫菜叫第一道或初摘紫菜,帶有新鮮紫菜特有的豐富香氣及濃郁的甘甜。紫菜經加工後製成像紙一般的薄片,乾燥後即成海苔。

紫菜最知名的養殖地包括有明海、瀨戶內海、伊勢灣及東京灣,其中有明海的產量占全國紫菜產量一半以上,特徵為質地柔軟及鮮味強烈。

---

[12] 使用最久的學名為*Porphyra tenera*,2011年被移至*Pyropia tenera*,2020又被提倡應移至新屬*Neopyropia tenera*,但以上學名皆為甘紫菜,以往為養殖的主力品種,現在大多已被條斑紫菜所取代。

【海苔大小】

整片
(約21cm×19cm)

半片
(約10cm×19cm)

三分之一片
(約6.6cm×19cm)

海苔分為正面的光滑面及背面的粗糙面。壽司飯黏性不高,基本上會盛放在光滑的正面。

參考文獻

『さしみの科学－おいしさのひみつ－』（社）日本水産学会監修, 畑江敬子著, 成山堂書店, 2005.

『すし技術教科書　江戸前ずし編』全国すし商環境衛生同業組合連合会監修, 旭屋出版, 1990.

『包丁と砥石（柴田ブックス）』（柴田書店）1999

『築地魚河岸　寿司ダネ手帖』福地享子著, 世界文化社, 2014.

『魚の科学』鴻巣章二監修, 阿部宏喜, 福家眞也編, 朝倉書店, 1994.

『伝統食品の知恵』藤井建夫監修, 柴田書店, 1993.

『すしの本』篠田統著, 岩波現代文庫, 2002.

『調理学』島田淳子, 畑江敬子編, 朝倉書店, 1995.

『調理学』畑江敬子, 香西みどり編, 東京化学同人, 2015

『おいしさをつくる「熱」の科学』佐藤秀美著, 柴田書店, 2007.

『栄養「こつ」の科学』佐藤秀美著, 柴田書店, 2010.

岡村多か子, 竹中はる子, 寺島久美子, 家政学雑誌, 刃渡りの長い包丁による切削について, 34, 398-404（1983）.

鈴木たね子, 赤身の魚と白身の魚, 調理科学, 9, 182-187（1976）.

土屋隆英, 無脊椎動物の筋肉構造と構成タンパク質, 調理科学, 21, 159-166（1988）.

山中英明, 魚介類の死後変化と品質, 日本水産学会誌, 68, 5-14（2002）.

木村茂, 久保田穣, アワビコラーゲンの二, 三の性質について, 日本水産学会誌, 34, 925-929（1968）.

Hatae K., Nakai H., Tanaka C., Shimada A., & Watabe S.,
Taste and texture of abalone meat after extended cooking, Fisheries science, 62, 643-647（1996）.

壽司的科學

從挑選食材到料理調味，以科學理論和數據拆解壽司風味的奧祕

すしのサイエンス：おいしさを作り出す理論と技術が見える

作者	高橋潤（技術指導）／佐藤秀美（監修）／土田美登世（著）
翻譯	周雨枬
責任編輯	張芝瑜
美術設計	郭家振
行銷業務	謝宜瑾

發行人	何飛鵬
事業群總經理	李淑霞
副社長	林佳育
主編	葉承享
出版	城邦文化事業股份有限公司 麥浩斯出版
E-mail	cs@myhomelife.com.tw
地址	104 台北市中山區民生東路二段 141 號 6 樓
電話	02-2500-7578
發行	英屬蓋曼群島商家庭傳媒股份有限公司城邦分公司
地址	104 台北市中山區民生東路二段 141 號 6 樓
讀者服務專線	0800-020-299（09:30 ～ 12:00; 13:30 ～ 17:00）
讀者服務傳真	02-2517-0999
讀者服務信箱	Email: csc@cite.com.tw
劃撥帳號	1983-3516
劃撥戶名	英屬蓋曼群島商家庭傳媒股份有限公司城邦分公司
香港發行	城邦（香港）出版集團有限公司
地址	香港灣仔駱克道 193 號東超商業中心 1 樓
電話	852-2508-6231
傳真	852-2578-9337
馬新發行	城邦（馬新）出版集團 Cite（M）Sdn. Bhd.
地址	41, Jalan Radin Anum, Bandar Baru Sri Petaling, 57000Kuala Lumpur, Malaysia.
電話	603-90578822
傳真	603-90576622

總經銷	聯合發行股份有限公司
電話	02-29178022
傳真	02-29156275

製版印刷	凱林彩印股份有限公司
定價	新台幣 750 元／港幣 250 元

2024 年 2 月初版 6 刷・Printed In Taiwan
版權所有・翻印必究（缺頁或破損請寄回更換）
ISBN　978-986-408-702-0

國家圖書館出版品預行編目(CIP)資料

壽司的科學: 從挑選食材到料理調味, 以科學理論和數據拆解壽司風味的奧祕 / 高橋潤（技術指導）／佐藤秀美（監修）／土田美登世（著）; 周雨枬譯. -- 初版. -- 臺北市: 城邦文化事業股份有限公司麥浩斯出版: 英屬蓋曼群島商家庭傳媒股份有限公司城邦分公司發行, 2021.06

　面; 公分

譯自: すしのサイエンス: おいしさを作り出す理論と技術が見える

ISBN 978-986-408-702-0(平裝)

1. 食譜 2. 烹飪 3. 日本

427.131　　　　　　　　　　　　　110008528

Editor: Tsuchida Mitose　Designer: Takahashi Miho　Photographer: Yamashita Ryoichi

Cooperator of Edit: Iijima Chiyoko, Shinbori Hiroko

Special thanks to Zenimoto Kei , Okada Miyuki , Maeshige Noi

SUSHI NO SCIENCE：OISHISA WO TSUKURIDASU RIRON TO GIJUTSU GA MIERU